해적에 관한 불편한 진실

해적에 관한 불편한 진실

_모험과 도전의 상징이 된 해적 이야기

초판 1쇄 발행 2021년 10월 28일

지은이 박성욱 **펴낸이** 이원중

펴낸곳 지성사 **출판등록일** 1993년 12월 9일 **등록번호** 제10-916호
주소 (03458) 서울시 은평구 진흥로 68, 2층
전화 (02) 335-5494 **팩스** (02) 335-5496
홈페이지 www.jisungsa.co.kr **이메일** jisungsa@hanmail.net

ISBN 978-89-7889-476-0 (04400)
ISBN 978-89-7889-168-4 (세트)

잘못된 책은 바꾸어드립니다. 책값은 뒤표지에 있습니다.

해적에 관한 불편한 진실

관한
불편한 진실

**모험과 도전의 상징이 된
해적 이야기**

박성욱
지음

지성사

차례

"바다를 지배하는 자가 세계를 지배한다"는 말을 한 번쯤 들어보았을 것이다. 왜 바다를 지배하는 자가 세계를 지배한다고 하였을까? 그것은 바다가 부(富)와 힘의 원천이 되기 때문이다.

　우선 부를 만들려면 교역을 해야 한다. 자원이 없는 우리나라가 수출로써 세계 10위권의 국가로 성장하고 있다는 점을 보면 교역이 얼마나 중요한지 다시 한번 느낄 수 있다. 교역의 방법에는 여러 가지가 있지만, 교역 물품을 옮기는 교통수단 면에서 보면 육지와 해상, 하늘의 세 가지를 들 수 있다. 육지를 통해 교역을 할 때는 트럭이나 기차를 이용하고 하늘로는 항공기를 이용하지만 이 경우, 많은 양을 처리할 수 없다는 한계가 있다. 하지만 바다를 통하면 한꺼번에 엄청난 양의 물품을 옮길 수 있다. 컨테이너선이라는 어마어마하게 큰 배가 해상운송을 맡은 덕분이다. 컨테이너선을 이용한다면 좀 더 싼 가격으로 물건을 공급할 수 있어 이득이 훨씬 늘어날 것이다.

그런데 바다 그 자체가 가진 부는 없을까? 수산업이나 해상운송이 예전보다 부가가치가 커지지 않은 상황에서 오늘날에도 여전히 바다가 부와 힘의 원천이 되는 이유는 무엇일까? 그것은 우선 인터넷 때문이라 할 수 있다. 현재 우리는 하루도 인터넷을 하지 않고는 생활할 수가 없다. 인터넷은 통신을 이용하는데, 전 세계 통신을 가능하게 하려면 통신망도 전 세계로 뻗어 있어야 한다. 이 통신망이 바다에 있다. 바다에 설치된 해저케이블은 데이터의 98퍼센트 이상을 처리한다. 미래에는 데이터와 정보를 기반으로 하는 4차 산업혁명이 세상을 주도할 것이라고 한다. 이 말은 궁극적으로 데이터와 정보가 부의 원천이 된다는 뜻이다. 물론 수산자원이나 해양 광물자원, 석유와 가스를 생산하는 사업은 전통적인 바다의 부이다.

바다가 부와 힘의 원천이라고 하는 또 다른 이유는 한 국가의 흥망성쇠가 바다에서 벌어졌기 때문이다. 세계사의 결정적인 전쟁 중 많은 수가 해상전투였다. 멀리 갈 필요도 없이 임진왜란 때 이순신 장군이 해전에서 패하여 일본에 바다를 빼앗겼다고 상상해 보면 왜 해전이 중요한지 이해할 수 있을 것이다. 살라미스 해전[01]은 페르시아 전쟁의 승패를 좌우한 전쟁이었고, '무적함대'로 이름 높았던 스페인이 쇠락하기 시작한 것도 칼레(Calais) 해전 또는 아르마다 해전[02]에서 패한 이후였다. 그 밖에도 트라팔가르 해전[03], 한산도대첩[04], 러일전쟁[05], 미드웨이 해전[06] 등 큰 전쟁은 바다에서 판가름이 났다. 이와 같이 바다는 우리가 알고 있는 것 이상의 가치를 품은 곳이다.

01 기원전 480년경에 일어난 그리스와 페르시아 간의 해전으로 그리스가 승리함으로써 황금기를 맞게 된다. 이 전쟁에서 그리스의 한 병사가 40킬로미터 정도를 달려 승전보를 전하고 죽으면서 마라톤 경기가 생겼다고 한다.

02 1588년 스페인의 무적함대가 영국을 침략하기 위해 벌인 해전으로 영국이 무적함대를 대파하면서 '해가 지지 않는 나라'의 토대를 마련하였다.

03 1805년 영국의 넬슨 제독과 프랑스-스페인 연합함대 간의 해전으로 영국이 승리함으로써 나폴레옹이 몰락하는 계기가 되었다.

04 1592년 조선과 일본 간의 해전으로 한산도대첩 이후 조선의 수군이 바다의 주도권을 쥐면서 임진왜란의 전세가 크게 변하였다.

05 1904~1905년 러시아와 일본 간에 벌어진 한국과 만주의 분할을 둘러싼 전쟁으로 러시아가 패배하면서 혁명운동이 진행되었고, 일본은 한국에 대한 지배권을 확립하여 만주로 진출할 수 있었다.

06 미국과 일본 간의 전쟁으로 일본이 패전함으로써 태평양전쟁의 주도권은 미국으로 넘어갔다.

많은 사람들이 바다를 터전으로 일하고 있으며, 이들을 우리는 흔히 '해양인'이라 부른다. 해양인은 사전적 의미로 바다에서 활동하거나 바다와 관련된 일을 하는 사람이다. 하지만 그중에는 나쁜 의도를 가진 사람도 있다. 바다를 적극적으로 활용할 수 있을 만큼 바다를 잘 알고, 범죄나 가난 등 여러 가지 이유로 육지에서 생업이 힘들어 바다에서 범죄를 저지르는 경우도 있다. 이런 사람들을 '해적'이라 한다.

해적은 인류가 바다를 처음 이용했던 시대부터 오늘날까지 지속적으로 이어져 온 인류의 가장 오래된 직업 가운데 하나라는 이야기가 있다. 보통 사람들에게 해적은 그 실체보다는 특정 이미지로 다가온다. 보물지도, 애꾸눈, 앵무새, 해골이 그려진 해적 깃발, 외발이나 외손, 후크 선장, 술, 약탈, 도박 등의 이미지가 낭만적으로 섞여 있다. 아마도 소설, 만화, 동화, 연극, 영화 등의 매체를 통해 해적을 접한 것이 그 이유일 듯하다. 하지만 실제로 해적을 만난다면 누구나 혼비백산하여 도망칠 것이다. 해적은 재화를 빼앗기 위해 무고한 사람들을 잔인하게 죽이기도 하는 매우 폭력적인 사람들이라는 것이 그 본모습인 까닭이다.

해적의 역사는 매우 길지만, 인류의 역사 속에서 보자면 아메리카 대륙 발견과 대서양 항로를 발견한 대항해시대 때 유명한 해적들이 출현했다. 이들의 삶과 생활은 뱃사람들의 입에서 입으로 전해지며 사람들에게 흥미와 궁금증을 불러 일으켰다. 그러한 관심은 현대까지 이어져 영화나 소설의 소재로 쓰이고 있다. 그래서 가끔씩 나오는 '해적' 뉴스에 적잖이 놀라기도 한다. 대항해시대 때의 사람들이라고 생각했던 해적이, 과학기술이 발달한 현대에도 존재한다는 사실이 놀라운 것이다. 형태는 다르지만 해적은 여전히 바다에서 활동하고 있다.

이 책에서는 해적에 대한 개념과 해적이 태동되는 배경을 살펴보고, 해적을 유형별로 알아보고자 한다. 또한 현대 해적의 성격과 함께 만약 바다에서 해적을 만났을 때 일어날 일과 현명한 대처 방법도 소개할 예정이다.

스티브 잡스는 조직의 혁신과 변화, 창의성을 불어넣기 위해 "해적이 되자!(Let's be pirates!)"고 말한 바 있다. 해군이 아니라 해적이다. 그의 말처럼 실리콘밸리의 벤처기업들은 모험을 두려워하지 않고 나 혼자가 아닌 조직이나 팀을 이루며 끝까지 포기하지 않는 해적 정신을 배워 새로운 부를 창출하고 있다.

이렇게 해적의 생활상은 의미 있는 교훈을 주기도 하지만, 소설이나 만화 등 수많은 작품 속에서 낭만적으로 그려지는 것과는 상관없이 해적은 궁극적으로 남의 재산과 생명을 빼앗는 범죄자일 뿐이다. 그러나 해적이 될 수밖에 없었던 사람들이 해적 생활을 통해서 보여준, 나름의 평등 의식과 민주적 의사 결정 등 우리가 배워야 할 요소들도 적지 않다. 아무쪼록 이 책이 독자들로 하여금 해적들이 살아온 환경을 이해하고, 이들의 정신이기도 한 '나 혼자가 아닌 주변 사람들과 함께하는 삶'을 돌아보는 계기가 되었으면 한다.

마지막으로 해적 문제를 둘러싼 재미있는 이야기와 아이디어를 주신 한국해양과학기술원의 조정현 선생님, 그림 자료 수집과 세심한 교정에 힘써 준 지성사에도 감사의 마음을 전한다. 그리고 이 책의 표지와 본문에 들어가는 그림을 그려 저작권 문제 해결에 도움을 준 덕원여고 한단비 양에게도 고마운 마음을 전한다.

1장

해적과
역사

해적이란?

캐리비안의 해적, 바이킹… 역사 속에서 우리가 떠올리는 해적들이다. 또 우리나라 사람이라면 많은 이가 '삼호 주얼리호'가 해적에 나포되었다는 뉴스를 본 기억이 있을 것이다.

해적의 사전적 의미는 해상에서 배를 습격하여 재화를 강탈하는 도둑이다. 법적인 정의도 있는데, 현대 국제법에 따르면 '공해상(公海上)에서 국가 또는 정치단체의 명령 내지 위임에 의하지 않고, 사적(私的) 목적을 위해 선박에 대한 약탈과 폭행을 자행하여 해상 항행을 위험하게 하는 자'를 해적이라 하고, 그 약탈과 폭행을 해적 행위로 규정하며, 해적을 인류 공동의 적(hostis humani generis)으로 간주하고 있다. 이러한 해적의 개념을 해양의 헌법전이라 할 수 있는 유엔해양

법협약에서는 다음과 같이 규정하고 있다.

(a) 민간 선박 또는 민간 항공기의 승무원이나 승객이 사적 목적으로 다음에 대하여 범하는 불법적 폭력 행위, 억류 또는 약탈 행위

    (i) 공해상의 다른 선박이나 항공기 또는 그 선박이나 항공기 내의 사람이나 재산

    (ii) 국가 관할권에 속하지 아니하는 곳에 있는 선박, 항공기, 사람이나 재산

(b) 어느 선박 또는 항공기가 해적선 또는 해적 항공기가 되는 활동을 하고 있다는 사실을 알고서도 자발적으로 그러한 활동에 참여하는 모든 행위

(c) (a)와 (b)에 규정된 행위를 교사하거나 고의적으로 방조하는 모든 행위

언뜻 보면 바다에서 약탈 행위를 하는 범죄자들을 해적이라 하는 것 같지만, 자세히 보면 유엔해양법협약에서 말하는 해적이란 한 국가의 관할권 밖에서 활동하는 사람들을 가리킨다. 우리가 통상적으로 알고 있는 해적과는 약간의 거리가 있다고 할 수 있다.

2004년 11월 11일, 도쿄에서 채택된 '아시아에서의 해적행위 및 선박에 대한 무장강도행위 퇴치에 관한 지역협력협정(Regional Cooperation Agreement on Combating Piracy and Armed Robbery against Ships in Asia; 이하 ReCAAP)'에서 해적의 개념과 무장 강도 행위를 국가 관할권 행사 범위에 따라 구분하고 있다. 이 개념들은 우리나라 국내법에서 그대로 빌려 사용하고 있다.

우리나라의 '국제항해선박 등에 대한 해적행위 피해예방에 관한 법률'에서 해적 행위는 다음의 어느 하나에 해당하는 행위를 말한다고 규정하고 있다. 첫째는 민간 선박의 선원이나 승객이 사적 목적으로 공해상 또는 어느 국가 관할권에도 속해 있지 않은 곳에 있는 다른 선박이나 그 선박 내의 사람, 재산에 대하여 범하는 불법적 폭력 행위, 억류 또는 약탈 행위, 둘째는 어느 선박이 해적선이 되는 활동을 하고 있다는 사실을 알고서도 자발적으로 그러한 활동에 참여하는 행위이다.

그리고 해상 강도 행위의 개념도 규정하고 있는데, '해상 강도행위'란 외국의 관할권이 미치는 곳에서 이루어지는 위의 두 가지에 해당하는 행위를 말한다. 곧 외국의 관할권이 미치는 곳에서 일어나는 불법적 폭력이나 약탈 행위는 해상 강도이고, 공해상이나 어느 국가의 관할권에도 속해 있지 않은 곳에서 일어나는 불법적 폭력이나 약탈 행위는 해적으로 구분한다. 이는 ReCAAP협정의 개념과 같다.

앞서 이야기한 해적에 대한 정의나 해상 강도에 대한 것은 현대의 국제법 개념에 기반한 것으로 이 책에서는 국제법상의 관할권을 중심으로 한 해적과 해상 강도를 구분하지 않고, 역사적이고 현재 해상에서 발생하는 불법적 폭력 행위와 약탈 행위를 모두 '해적'으로 통칭하여 알아보기로 한다.

해적의 역사

시대별, 지역별 해적들

해적의 역사는 인간이 항해를 시작한 4000~5000년 전부터 시작되었다. 스코틀랜드의 작가이자 역사가인 앵거스 컨스탐(Angus Konstam)은 자신의 저서 『해적의 역사』에서 기원전 2800년경에 카누와 같은 배가 에게해(海)를 다녔고, 기원전 2000년경에는 에게해의 배가 돛을 사용하였다고 한다. 이러한 기록에 따라 인간이 바다를 이용한 것이 4000~5000년 정도 되었고, 해적들은 이때부터 나타난 것이라 하겠다.

서양사의 분류는 통상적으로 고대(선사시대~476년 서로마제국 멸망까지), 중세(476년 서로마제국 멸망~1453년 동로마제국 멸망까지), 근대(1453년 동로마제국 멸망~1945년 2차 세계대전 종료까지) 그리고

해적과 디오니소스의 이야기가 묘사된
엑세키아스의 디오니소스 컵
(독일 뮌헨 국립고대미술박물관 소장)

현대(1945년 2차 세계대전 종료~현재까지)로 나눈다. 그럼 각 시대
의 대표적인 해적은 어느 바다의 누구일까?

고대의 해적 중에서는 그리스 해적들에 관한 재미있는 이
야기가 그리스 신화에 전한다. 해적들이 포도주와 축제의 신
인 디오니소스를 잡아갔는데 디오니소스가 사자로 변신하자
해적들이 겁을 먹고 바다로 뛰어들었고, 화가 난 디오니소스
는 해적들을 돌고래로 만들어 버렸다는 이야기다.

기원전 14세기부터는 소아시아(현재의 터키) 해안에 기지를
둔 바다의 강도 루카(Lukka)가 대규모 해상무역이 이루어진
지중해 지역에서 무역선들을 대상으로 활동했다. 하지만 루
카는 기원전 13세기 말에서 기원전 12세기 초에 걸쳐 이집트
제국을 침략한 해양 민족(일명 '바다 사람들', Sea peoples로 팔레스

타인, 그리스, 사르데냐, 시칠리아, 리비아 등 다양한 민족으로 구성되었다) 에게 소멸되었다.

해양 민족은 기원전 1186년, 나일 삼각주에서 벌어진 이집트와의 전투에서 패할 때까지 동부 지중해를 완전히 지배하여 해상무역과 해적 행위를 하였다. 이후 해양 민족은 지중해와 에게해 그리고 아프리카 북부 연안에 형성된 도시국가들에 흡수되었다. 이 도시국가들은 지중해와 에게해에서 해양 패권을 확보하기 위해 치열한 전쟁을 벌였다.

로마시대 해적도 이야기로 전한다. 로마제국의 카이사르(Gaius Julius Caesar)가 젊었을 때 해적들에게 잡혀 몸값을 지불하고 나서야 풀려났다는 것인데, 카이사르는 뒷날 해적들을 섬멸하였다고 한다. 역사 기록으로는 로마제국의 장군인 폼페이우스(Gnaeus Pompeius Magnus)가 기원전 67년에 해적들과 지중해에서 전쟁을 벌여 해적들을 소탕했다고 한다.

아이러니하게도 로마는 해적을 심하게 단속하지 않았다. 그 이유는 로마의 대농장주들이 해적 소탕에 반대하

폼페이우스 흉상

였기 때문이라고 한다. 해적이 제공하는 노예는 일반인들에 비해 싸게 부릴 수 있어 대농장주들이 선호한 것이다. 하지만 이 노예들에게 일자리를 빼앗긴 시민들은 해적 단속을 원했다. 해적 단속이 이러한 역사적 배경과 일자리라는 경제적 요인에 영향을 받았다는 것을 알 수 있다. 이는 값싼 노동력이 필요했던 1980~1990년대의 유럽이 난민들을 단속하지 않았던 것과 같은 맥락이라 할 수 있다.

중세의 해적으로는 해적의 원조라 할 수 있는 북유럽의 바이킹, 아프리카 북쪽 해안을 주 무대로 활동한 사라센 해적의 후예 바르바리 해적[01] 그리고 아시아의 해적들을 들 수 있다.

바이킹은 서기 700년쯤에 노르웨이, 스웨덴, 덴마크에서 유럽 해안을 약탈한 해적들인데 400년 동안 서유럽, 러시아, 중동 지역의 바닷가 마을을 괴롭혔다. 바르바리 해적은 아프리카 북쪽 해안 출신의 뱃사람들로 16~19세기에 지금의 모로코, 알제리, 튀니지와 리비아 서부 지역에서 주로 활동했

---

01 지중해를 기반으로 한 해적들에는 바르바리(Barbary) 해안에서 무슬림 국가들로부터 약탈 면허를 받아 활동했던 바르바리 해적, 십자군전쟁 동안 기독교 국가들을 대신해 무슬림 국가의 선박을 약탈하도록 명령 받은 몰타 해적 등이 있다.

로렌초 A. 카스트로가 그린
〈바르바리 해적과의 전투〉(1681년)

피에르 프란체스코 몰라가 그린
〈바르바리 해적〉(1650년)

다고 한다. 바르바리 해적은 보물을 약탈하기보다 주로 사람들을 납치했다. 그리하여 몸값을 받아 챙기거나, 그렇지 못할 경우 노예로 팔아버렸다. 중세시대에는 노예가 보편화하였고, 대다수 국가가 신분사회여서 노예나 노비가 존재하였기에 가능했던 일이다.

근대의 유명 해적은 1492년, 콜럼버스가 신대륙을 발견한 이후 대항해시대가 도래하면서 나타나기 시작했다. 바다의 시대가 열린 것처럼 해적들에게도 황금시대가 열린 것이다. 이 시기 해적들 가운데 이름난 해적은 '버커니어(buccaneer)[02] 해적'이다. 영국, 프랑스, 네덜란드 등에서 죄를 짓고 도망친 사람들로 이루어진 이 해적은 주로 1600년대 카리브해 근처에서 스페인 보물선을 공격했다.

버커니어들이 처음부터 해적질을 한 것은 아니다. 처음에는 섬에 사는 소나 멧돼지를 사냥했는데, 이렇게 순박한 사람들이 해적이 된 데에는 1630년대에 스페인의 통치자들이

---

02 버커니어란 17세기 초 히스파니올라섬(아이티와 도미니카공화국)에서 살아가던 프랑스 사냥꾼들을 부르던 용어로 프랑스 말 부캉(boucan, 바비큐)에서 유래하였다. 프랑스 버커니어들에게 붙인 해적 용어로는 프리부터(Freebooter), 필리버스터(Filibuster)가 있고, 프랑스 말 라쿠르스(la course, 사략선 선원)에서 기원했지만 지중해에서 활동한 사략선 선원과 해적에 사용한 코르세어(Corsair) 등 해적에 대한 용어는 다양하게 쓰였다.

버커니어들을 섬에서 몰아내려 했기 때문이다. 이러한 배경 탓에 버커니어 해적은 스페인 배들을 많이 약탈했다.

해적 중에는 국가 공인(?) 해적도 있었다. 국가가 약탈을 공식적으로 인정한 해적선을 사략선(私掠船)이라 하는데 사략 선은 적국의 배를 약탈할 수 있는 면허를 받은 후, 빼앗은 보물 중 일정 비율을 국가에 바치면서 자신들의 해적 활동을 비호 받았다. 특히 1600년대 영국과 네덜란드는 스페인을 견

하워드 파일이 그린
〈캐리비안의 해적(버커니어)〉
(미국 델라웨어 미술관 소장)

제하고자 사략선을 이용해 스페인의 선박과 점령지를 약탈하면서 국력을 키웠다. 사략선 선원이자 해적이었던 유명한 사람으로는 프랜시스 드레이크, 헨리 모건, 존 폴 존스, 윌리엄 키드 등이 있다.

해적들의 활동 지역

서양사	그리스 BC 1100~ BC 146	로마 BC 753~476	중세 476~1453	근대 1453~1945	현대 1945~현재
인류 항해사	에게해의 배 BC 2800년경	뱌르드니 헤롤프손 1000년경 북아메리카 발견	정화의 원정 1405~1433	콜럼버스 신대륙 발견 1492	대항해시대 15C 초~ 18C 중반
주요 해적	루카 BC 14~BC 12	로마 해적	바이킹 8C 말~ 11C 말	바르바리 16C~19C	버커니어 1600년대

해적 활동 연대표

해적이 나라를 세웠다고?

나라를 세운 해적이 있다고 하면 쉽게 믿기 힘들 것이다. 하지만 해적으로서 나라를 세운 인물들이 역사에 기록되어 있다. 대표적인 해적으로 우선 바이킹을 들 수 있고, 토머스 배로(Thomas Barrow)와 벤저민 호니골드(Benjamin Hornigold)도 나라를 세웠다.

바이킹(Viking)은 노르드어 비킹(Vikinger)에서 유래한 말이다. 바이킹이 원래 살던 곳은 북유럽의 스칸디나비아 지방이었는데, 민족은 북게르만족 노르드인이고 노르드어를 사용했다. 우리가 알고 있는 바이킹은 8세기 말에서 11세기 말까지 북유럽과 중앙유럽을 항해하면서 교역이나 약탈로 생활한 사람들이다. 바이킹 중 '붉은 에이리크'라 불린 사람이 그린란드를 발견하여 정착했고, 1000년경에는 뱌르드니 헤롤프손(Bjarni Herjólfsson)이 북아메리카를 발견했다. 이는 콜럼버스가 신대륙을 발견한 1492년보다 거의 500년 정도 앞선 기록이다.

바이킹은 지금까지도 유명한 여러 도시를 건설했는데 잉글랜드의 요크, 러시아의 스타라야라도가와 노브고로드, 벨라루스의 폴라츠크, 우크라이나의 키이우(키예프), 아일랜드의 더블린 등이 바이킹의 도시이다.

그런데 바이킹은 도시 말고도 국가를 건설했다는 기록이 있다. 스웨덴 출신 바이킹(스비아인)의 일파인 바랑기아인은 동쪽의 발트족과 핀족 그리고 슬라브족 땅(오늘날 발트해 연안, 러시아, 벨라루스, 우크라이나)에 진출한 후 토착민들인 동슬라브족에 동화되며 루스인으로 불렸다. 스웨덴의 바이킹 후예인 루스는 후일 러시아가 되었다. 그러니 러시아는 바이킹이 만든 나라라 할 수 있을 것이다. 그런가 하면 덴마크 바이킹인 데인족은 영국을 장악하였고, 데인족 사람인 윌리엄이 영국의 왕이 되었다. 이는 해적의 후손이 왕이 된 사례이다.

바이킹의 원정(파란색 선)과 바이킹이 세운 도시·국가

바이킹도 처음부터 해적질을 한 것은 아니라고 한다. 그들의 주업은 교역이었는데, 상속을 장남에게만 하다 보니 둘째나 셋째 아들들은 먹고살기 위해 바다로 나갈 수밖에 없었다. 곧 생존을 위한 당시의 사회환경이 바이킹이라는 해적을 만든 셈이다. 바이킹은 긴 배라는 뜻의 '롱보트'를 이용했고, 이를 시속 28킬로미터로 항해할 수 있을 만큼 항해술을 발달시켰다. 바이킹의 수준 높은 항해술은 바람이 부는 방향으로 진행할 수 있는 근대 요트 기법의 원조인 'Tack'이라는 항법의 개발로 이어졌다.

　　하지만 유럽을 들썩이게 했던 바이킹도 점령지의 앞선 문명에 동화되고, 야만적인 약탈보다는 정착해서 농경과 교역을 하며 점차 쇠락하였다. 바이킹이 쇠락한 다른 이유 중 하나로 거론되는 것이 기후변화이다. 바이킹의 해외 진출 이후 14세기 지구의 북반구는 수백 년에 걸쳐 유난히 추워지는 소(小)빙하시대에 접어들었다. 이로 인해 그린란드의 식민지는 몇백 년을 못 가 몰락했으며, 바이킹의 고향도 타격을 받아 서쪽으로의 진출을 멈춰야 했다.

　　바이킹이 그린란드에 정착하지 못하고 소멸한 이유는 1000년 전, 온난기에 이주했지만 기후변화로 농업이 불가능해졌음에도 불구하고 자신들의 삶의 방식을 고수했기 때문이다. 바이킹은 목축이 거의 불가능한 상황이었으나 사냥을 하지 않았고, 추위에 취약한 유럽식 의복을 고수하였다. 그런데 바이킹과 거의 같은 시기에 이누이트족은 바다표범을 사냥하고, 기름으로 얼음집 이글루의 난방을 하였으며, 가죽옷을 만들어 입으면서 새로운 환경에 적응하였다.

바이킹의 쇠락은 기후변화가 특정 종족을 소멸하고 역사를 바꾼 하나의 예라고 할 수 있다. 이처럼 기후는 우리 삶의 많은 부분에 엄청난 영향을 끼치므로 현재 기후변화를 막기 위해 탄소중립(탄소를 배출하는 만큼 그에 걸맞은 조치를 취하여 실질 배출량을 '0'으로 만드는 일)이라는 대명제를 달성하려는 국제사회의 노력에 관심을 가질 필요가 있다.

예전에는 해적 국가도 있었다. 해적 국가는 해적이 국가를 만든 것과는 조금 다른 개념이다. 학자 중에는 17세기 해가 지지 않는 나라라 불리던 영국을 해적 국가라 보기도 한다. 하버드대학의 니얼 퍼거슨(Niall Ferguson) 교수는 그의 저서 『제국(Empire)』에서 "대영제국은 해상 폭력과 도둑질의 소용돌이 속에서 해적 국가로 출발했다"고 정의한다. 이는 당시의 역사적 상황에 근거한 것으로, 퍼거슨 교수는 대영제국이 세계를 제패하기 위해 넘어야 할 적국은 당시 스페인이었는데 스페인과 싸우기 위해 해적을 이용하였다는 것이다. 신사의 나라로 알려진 영국이 해적 국가였다니 놀라운 일이다. 이처럼 영국은 국가적 과제로 해적을 지원한 최초의 나라였다.

대서양 항로가 열리면서 스페인이 아메리카 대륙에서 금, 은, 작물 등 막대한 재화를 가져오자, 세계를 제패하려던 영국은 스페인에 집중되는 부를 그대로 보고만 있을 수 없었다. 하지만 당시의 영국 해군으로는 이를 막을 능력이 부족했다. 이에 영국은 민간인이 운영하는 사략선업자(privateer)[03]

에게 약탈 허가증(Letter of Marque)을 발급하거나 배를 지원하여 스페인 선박에 내해 해적질을 시킨 것이다.

한편, 영국 해적 토머스 배로와 벤저민 호니골드는 바하마 제도의

약탈 허가증

---

03 사략선업자(프라이버티어)란 적국의 선박을 공격 및 나포할 수 있는 권리를 가지고 무장한 사략선 또는 그 선박의 사령관 및 선원을 일컫는다. 원래 이 면허는 자신의 배나 화물을 약탈 당하거나 피해를 입은 상인이 적에게 보복하고 손실을 되찾을 수 있도록 군주로부터 부여받은 것이었으나, 16세기에는 해양 국가들이 전시에 적국의 선박을 손쉽게 공격하기 위해 이 제도를 이용했다.

뉴프로비던스섬에 해적 공화국을 세우고 스스로 총독이라 칭하기도 했다. 해적 공화국에는 당연히 수많은 해적이 모여들었는데 여기에는 사략선에서 일하던 선원, 세계 각지의 도망자들, 중앙아메리카 해안의 벌목꾼들이 있었다. 이들은 해적 공화국에서 노동계약을 맺고 일을 했으며, 남녀노소 모두가 편안한 가정을 꾸렸다고 한다.

해적 국가가 유럽에만 있었던 것은 아니다. 아시아에도 해적이 자신만의 왕국을 건설한 예가 있다. 중국의 해적 두목 임풍(林風)은 중국인 해적 3000명을 거느리고 1573년 필리

중국 해적 임풍의 마닐라 싸움을 묘사한 벽화(필리핀 케손 기념관)

핀의 루손(Luzon) 군도를 침공하여 자신들만의 왕국을 세웠다. 당시 필리핀을 다스리던 스페인과 전쟁을 했다는 것이다. 해적 임풍은 마닐라 시내를 불태우기도 했으나, 1574년 후반 스페인의 후안 데 살세도(Juan de salcedo)에게 패퇴하면서 해적들이 모두 죽거나 산 채로 불태워졌다고 한다.

해적과 해군의 관계

해적과 해군은 적대 관계라 할 수 있다. 그런데 기록을 보면 꼭 그렇지만은 않았다는 이야기도 있다. 근대 유럽 국가의 해군 수병은 선상 생활에서 억압과 학대, 중노동에 시달리고 장교에 비해 적절한 대우를 받지 못했기에 평등을 찾아 해적이 되었다. 평화 시 해군에서 제대한 군인들은 먹고살기 위한 방편으로 해적이 되는 경우도 있었다고 한다. 해군은 항해술 같은 기술이 있어 해적이 될 수 있는 조건을 갖추었다고 할 수 있다.

해적을 소탕하라고 한 국왕의 명을 받은 자가 해적질을 한 경우도 있는데, 영국 출신의 윌리엄 키드 선장이 바로 그 예다. 키드 선장은 1695년, 영국의 윌리엄 3세로부터 해적을 없애라는 명을 받고 사략선 선장으로 바다에 나섰다. 하지만 해적을 소탕하는 것보다 자신이 해적이 되어 약탈을 해서 얻는 이익이 더 크다고 생각해 해적질을 하였다고 한다. 고양이에게 생선을 맡긴 경우라 하겠다.

이와는 반대로 해적이었다가 해군이 된 영국의 프랜시스 드레이크와 같은 사람도 있다. 드레이크는 1588년 8월, 도버 해협의 칼레 앞바다에서 벌어진 칼레 해전 또는 아르마다 해전에서 함대 부사령관으로 참전하여 스페인의 무적함대를 궤멸시킨 최고 공로자라는 평가도 있다.

필립 제임스 루터부르크가 그린 칼레 해전 〈스페인 함대의 대패〉(1796년)

대항해시대

대항해시대(Era das Grandes Navega es) 또는 대발견시대(Age of Discovery, Age of Exploration)라 불리는 시기는 15세기 초반부터 18세기 중반까지를 말한다. 이 시기에는 전 세계 바다에 유럽의 배들이 돌아다니며 항로를 개척하고 탐험과 무역을 했다. 그 과정에서 유럽인들은 이전까지 알려지지 않았던 아메리카 대륙을 알게 되었다.

유럽의 대항해시대는 세계사에 있어서 매우 중요한 시대로 평가 받는다. 신대륙의 발견으로 구대륙과 신대륙이 본격적으로 교역을 하면서 식민지를 건설하기 시작한 제국주의의 시발점이 되는 시대이기 때문이다.

15세기 초반, 중국 명나라에서는 정화가 지휘하는 대힘대가 남중국해와 동남아 및 인도양을 횡단하는 항해를 했다. 명나라 태조(1328~1398년)는 1371년부터 해금(海禁; 다른 나라 선박이 자기 나라 해안에 들어오거나 고기잡이하는 것을 금하는 일) 정책을 추진했으며, 3대 황제 영락제(1360~1424년)도 해금 정책을 계승했다. 그뿐만 아니라 국가가 주도하는 조공무역을 확대하고 국위를 선양하기 위해 정화에게 남해 원정을 하게 했다. 정화는 1405년에서 1433년까지 30여 년 동안 7차에 걸쳐

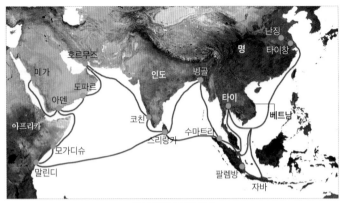

중국 정화의 대원정 항로

대항해를 했는데 방문 국가 수는 37개국에 이르렀고, 항해 거리는 10만 해리(海里; 거리의 단위로 1해리는 1,852m에 해당한다)에 동원된 함선이 매회 250척이나 되었다. 정화의 원정이 있은 지 60여 년 뒤 콜럼버스가 3척의 선박을 이끌고 원정을 했을 때 한 척당 200~250톤, 승조원은 120명이었다는 것을 감안하면 정화의 원정 규모가 어느 정도였는지 짐작이 간다.

중국의 대항해 바람이 돌풍에 그친 것은 북방 민족의 침입(1440~1449년)과 등무칠(鄧茂七)이 주동한 농민반란(1448~1449년), 해양파와 대륙파 간 세력 다툼에서 대륙파의 승리가 요인이었다. 이후 중국은 북방 민족의 침입에 대비하기 위해 만리장성을 건축하는 데 집중하면서 국가의 부와 세력을 확장할 수 있는 대양 진출의 기회를 잃어버렸다.

대항해시대가 가능해진 것은 지도학, 항해, 화력, 조선 분야에서 개발된 신기술 덕분이었다. 더 넓은 바다로 나아갈 수 있다는 것은 여러 가지를 의미했는데, 이때는 해적의 역사에서도 뜻깊은 시대였다. 대항해시대 이전에는 연안 항해만 가능했으므로 바다는 육지에 접한 공간으로 국가의 힘이 미쳤다. 하지만 대항해시대가 되자 통제가 가능한 육지나 연안 항해에서와는 달리, 대양에서는 국가의 힘이 미치지 않았다. 이렇게 대양에서 국가의 힘이 미치지 않는 점을 활용해 해적들은 바다의 주인인 듯 활동하였다.

해적을 귀족으로 만든 여왕, 엘리자베스 1세

영국을 대영제국으로 만든 인물로 엘리자베스 1세와 한 명의 해적을 들 수 있다. 엘리자베스 1세는 당시 영국의 국력이 프랑스나 스페인에 한참 못 미친다는 것을 알고 있었다. 세계를 제패하기 위해 여왕은 쓸 수 있는 국가 자원을 최대한 활용해야 했다.

당시 스페인은 남미와 중미에서 나오는 금, 은, 설탕, 향신료 등을 파나마, 카리브해를 통해 본국으로 운송해 엄청난 부를 축적하였다. 따라서 영국으로서는 스페인이 장악한 해양 진출을 통한 부를 얻으려면 스페인으로 운송되는 물류를 차단해야 했다.

여왕은 부족한 해군력을 대신해 당시 바다의 주인인 해적을 이용하였다. 이때 영국에는 해적왕이라 불리는 프랜시스 드레이크가 있었다. 사실 드레이크가 해적이었는지, 아니면 당시 합법이었던 사략선업자였는지에 대한 의견이 분분하다. 여왕은 1577년 12월 13일, 영국 플리머스 항에서 대서양 탐험을 떠나는 드레이크에게 세 가지를 요구했다.

1. 스페인 선박을 약탈하라!
2. 태평양에 있는 땅을 탐험하라!
3. 남미에 있는 원주민과 교역로를 확보하라!

마젤란해협을 거쳐 남미로 가던 도중 폭풍우를 만난 드레이크는 지금의 드레이크해협에서 스페인 선박을 약탈하고, 1580년 9월에 일주를 마친 뒤 플리머스 항으로 돌아와 항해 중에 얻은 금은과 보화를 여왕에게 바쳤다. 여왕은 드레이크의 노고를 치하하기 위해 1581년, 골든하인드호에서 드레이크에게 기사 작위를 수여하였다. 이렇게까지 할 만큼 드레이

엘리자베스 1세가 드레이크에게 작위를 수여하는 모습

플리머스 항에 세워진
드레이크의 동상

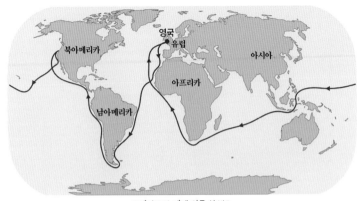

드레이크의 세계 일주 항해로

크는 영국의 재정을 늘리는 데 크게 기여했다. 그가 항해 중에 약탈한 재물이 당시 영국의 국고 세입을 뛰어넘었다는 기록이 있을 정도다. 스페인은 엘리자베스 1세에게 스페인 왕의 재보(財寶)를 실은 카카푸에고호를 약탈한 드레이크의 처벌을 요구했지만, 여왕은 오히려 그를 영국 해군 중장으로 임명하는 것과 동시에 훈장을 수여하며 제독으로 칭했다. 이것이 스페인 왕 펠리페 2세가 '무적함대'를 내세워 영국을 공격하게 되는 계기가 되었다.

역사상 가장 유명한 해적 소굴

해적 소굴도 역사적 흐름에 따라 바뀌었다. 유럽 중심의 해적 소굴을 볼 때 영국이 스페인을 견제하기 시작했던 17~18

세기까지는 카리브해의 포트로열과 토르투가, 뉴프로비던스가 해적들의 주요 활동 근거지였다. 해적이 카리브해에 머물지 않고 인도양으로 눈길을 돌린 계기는 스페인의 쇠락이었다. 해적들은 1740년경 스페인의 보물선단 체계가 붕괴되면서 더 이상 표적이 될 만한 보물선단이 없어지자 새로운 사업 대상지를 물색했다.

이에 따라 해적들은 카리브해를 떠나 아프리카와 인도양에 이르는 해역에서 주로 활동했다. 이 해역에서는 포르투갈이 스페인에 앞서 동방무역을 개척하고 있었는데, 포르투갈은 국내 산업을 육성하기보다는 무역에 집중하는 동시에 무리하게 식민지를 확장했다. 결국 포르투갈은 아프리카, 아시아 무역의 주도권을 네덜란드와 프랑스, 영국에 내주고 말았다. 인도 무굴제국의 아우랑제브 시기(Aurangzeb, 재위 1658~1707년)부터 내분과 전쟁으로 인도 주변 해역에 대한 지배력이 약화한 것도 한 요인이었다.

포트로열

역사상 가장 유명한 해적 소굴은 카리브해의 섬나라 자메이카에 있는 포트로열(Port Royal)이라고 할 수 있다. 자메이카라고 하면 어떤 이들은 아프리카에 있다고 착각하기도 하지만 중앙아메리카 카리브해에 위치해 있으며, 우리가 잘 아는 육상선수 '우사인 볼트'와 레게음악의 창시자 '밥 말리'를 배출하고, 세계 3대 커피 명품[04]인 블루마운틴 커피가 생산되는 국가이다. 포트로열은 자메이카 수도인 킹스턴의 항구 앞에 있는데, 킹스턴만 주위는 파도를 막아주는 산호 군락으로 이루어진 천혜의 환경을 가진 곳이다.

카리브해가 해적의 근거지가 된 것은 당시 스페인이 아메리카 대륙에서 사탕수수, 금광 등 귀중품을 본국으로 옮기는 길목이라는 지정학적 이유가 가장 컸다. 당시 자메이카에 대한 영국의 인식을 보면 자메이카를 무척 중요하게 여겼음을 알 수 있다. 곧 미국 독립전쟁 때 영국 의회는 아메리카 대륙의 13개 식민지를 포기할 수는 있어도 자메이카를 포기할 수는 없다고 주장했다고 한다.

자메이카는 처음에는 스페인이 지배했지만 1655년, 영국이 점령하면서 해적들이 활동하는 주 무대가 되었다. 17세기

---

04 흔히 세계 3대 커피로 자메이카 블루마운틴, 예멘 모카 마타리, 하와이안 코나 엑스트라 팬시를 꼽는다.

영국은 해적을 장려하였
는데 이는 스페인을 견제
하기 위한 고도의 전략 중
하나였다. 포트로열이 해적의

옛 포트로열의 모습

본거지가 된 배경에는 영국이 식민지
로부터 착취한 물자를 교역하는 무역 중심지를 지키기 위해
병력을 보충할 필요가 있었고, 이러한 대안으로 해적들이 포
트로열을 불법적으로 사용해도 묵인해 주었기 때문이다.

포트로열이 쇠퇴한 데는 두 가지 이유가 있었다. 첫 번째
는 영국 정부의 해적 단속이다. 영국 정부는 1671년, 해적 헨
리 모건의 스페인 선박에 대한 노략질과 파나마에 대한 약탈
로 모건과 모디포드 총독을 체포하였다. 영국의 해적 단속은
당시 영국 배를 공격하던 해적들로부터 자신들의 사업 이익
을 지키기 위한 것이었다. 결정적인 것은 1681년, 반(反)해적
법이 통과되어 해적들을 포트로열에서 바하마 혹은 캐롤라
이나로 몰아냈다는 사실이다. 두 번째는 1692년 6월 7일, 포
트로열에 지진이 발생하여 도시의 3분의 2가 바다에 잠기고
인구의 절반이 숨지자 상업 중심지가 킹스턴으로 옮겨지면
서 더 이상 해적들의 소굴로 남을 수 없게 되었다.

토르투가

토르투가(Tortuga)는 카리브해에 있는 섬이다. 정확히는 아이티(Haiti) 북쪽에 있고 '거북 섬'으로도 불린다[05]. 토르투가가 해적들의 근거지가 될 수 있었던 까닭은 멕시코, 쿠바 등 주요 유럽 식민지에 쉽게 접근할 수 있는 요충지였기 때문이다. 이 섬은 인구가 2만 5000명 정도인데 17세기 카리브 해적들의 주요 근거지였던 덕에 이와 관련된 관광지가 들어서 있으며, 아이티에서 가장 인기 있는 곳이다.

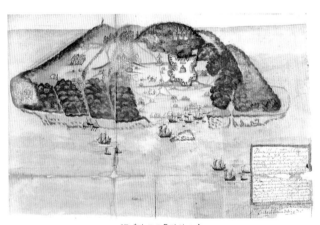

17세기 토르투가의 모습

---

05 Tortuga는 스페인어로 거북(Turtle)을 말한다.

토르투가가 해적들의 근거지가 된 또 다른 이유는 1620년 무렵, 무역상들에게 짐승 가죽을 팔며 연명하던 프랑스 정착민들을 스페인이 탄압한 데에 있다. 이 정착민들은 탄압에 대해 보복하고자 해적이 되어 스페인 식민지에서 보물을 싣고 항해하는 배들을 약탈하여 엄청난 이득을 얻었다. 스페인에서는 이러한 문제를 해결하기 위해 많은 노력을 기울였으나, 이들은 포대를 건설하는 등 섬을 요새화하여 스페인의 진압을 막아내기도 하였다.

뉴프로비던스

뉴프로비던스(New Providence)는 서인도 제도 바하마에 있는 섬이다. 포트로열이 1681년, 반해적법으로 버커니어들을 몰아내자 일부 버커니어들은 1680년대에 뉴프로비던스로 이주하여 정착했다. 스페인 군대가 1684년에 이들을 소탕했으나, 오히려 해적들은 이 섬을 전리품을 매매하는 시장으로 이용했다. 그리고 토르투가에 거주하던 영국 버커니어들이 1698년에 이곳으로 이주하면서 해적 소굴이 되었다. 영국의 우즈 로저스 선장이 1718년 8월에 해적을 소탕할 때까지 뉴프로비던스는 해적들의 소굴로 번성하였다.

아이러니하게도 스페인 왕위 계승 전쟁(1701~1714년) 이후 평화의 시대가 오면서 해적의 황금시대(대략 1690~1730년)가 열린다. 해군들은 일자리를 잃었고, 더 이상 약탈 면허를 받을 수 없는 사략선업자들이 해적이 되었다. 뉴프로비던스는 해적이 된 사략선 선원들의 천혜의 피난지 조건을 갖추고 있었다. 군함은 접근하기 어려워도 작은 배가 정박할 정도의 충분한 수심을 갖췄고, 해적 생활에 필수인 물과 양식이 풍부했으며, 적을 감시하기에 좋은 높은 언덕이 있었다.

당시 뉴프로비던스 나소(Nassau) 항의 선술집 단골 손님으로 벤저민 호니골드, 헨리 제닝스, '캘리코 잭'으로 유명한 존 래컴, '검은 수염' 에드워드 티치와 같이 내로라하는 해적들이 나오는데 이는 뉴프로비던스가 해적의 소굴로 얼마나 번창하였는지를 알려주는 대목이다. 나소 항은 밀수품과 노예시장

오늘날 뉴프로비던스의 나소 항 거리

으로 번창했으며, 조선공들은 배를 고치거나 해적선으로 개조하여 돈을 벌었다. 또 무기 제조업자들은 총과 검을 수리하고 대포를 설치하는 등 해적들과 거래하면서 성장했다. 현재 뉴프로비던스 지역의 박물관, 술집, 레스토랑 등은 이러한 해적들의 유산을 관광자원화 하고 있다.

마다가스카르

마다가스카르(Madagascar)는 아프리카의 남동쪽 인도양에 위치한 국가로 세계에서 네 번째로 큰 섬나라이다. 생텍쥐페리의 『어린 왕자』에 나오는 바오바브나무가 자라는 곳이기도 하다. 17~18세기에 마다가스카르가 해적들의 소굴이 되었던 데는 좋은 항구와 배를 수리하기 알맞은 만(灣)이 많았기 때문이다. 인도로 향하거나 인도에서 출발한 무역선들은 보급품을 받거나 휴식을 위해 마다가스카르 항구에 들러야 했다.

마다가스카르는 아랍과 인도, 동인도회사의 상선들이 드나드는 홍해와 가까워 해적들이 이 상선들로부터 보석과 비단 등 값비싼 물건들을 빼앗아 아메리카 식민지와 유럽에 팔기가 수월했다. 마다가스카르에는 많은 섬과 해협이 있는데, 해적들은 이곳에 요새화한 정착지를 만들어 외부인들로부터

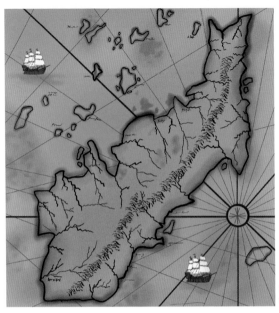

마다가스카르의
옛 지도 그림

스스로를 보호했다.

1691년부터 마다가스카르에 살기 시작한 해적들은 무역선을 약탈했다. 이 무역선 중에 1695년 무굴제국 공주가 탄 보물선 간지사와이(Ganj-i-Sawai)호를 헨리 에브리가 나포하기도 했다. 이렇게 마다가스카르에서 무역선들의 해적 피해가 급증하자 영국 정부는 군함을 파견하여 해적을 단속하기 시작했다. 이 영향으로 해적들의 활동이 점차 줄면서 1711년에는 60~70명 정도의 해적들만 남고 나머지는 인도 서해안의 해적 무리에 합류하거나, 섬에 정착하여 농사를 지었다고

한다. 마다가스카르는 물이 풍부하며 희귀한 동식물이 많이
사는 열대의 낙원으로 불렸기에 해적들이 노후를 보내기에
적절한 곳이었다.

바르바리

바르바리(Barbary)란 16세기에서 19세기까지 유럽에서 베르
베르인들이 살던 지역을 부르던 말이다. 북아프리카의 중서
부 해안인 모로코, 알제리, 튀니지, 리비아의 해안 지역이다.
바르바리란 그리스인들이 자신들을 제외한 타민족 사람을
야만인이라고 부른 데서 유래했으나, 나중에는 북아프리카
지역의 유목민인 베르베르인을 가리키는 말로 쓰였다.

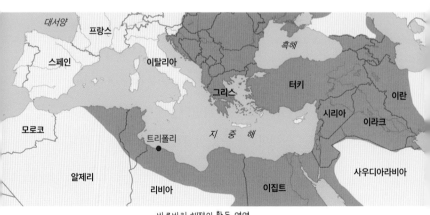

바르바리 해적의 활동 영역

사막으로 둘러싸인 북아프리카 지역의 척박한 자연환경에서는 생존을 위해 해상무역이 필수적이었지만, 이러한 기반이 전혀 없었던 탓에 식량이나 물품을 구하려면 해적질이 가장 쉬운 선택지 중 하나였다. 북아프리카 중서부 해안에서 바르바리 해적이 융성했던 것은 당시 지중해 연안 이슬람 국가들이 스페인을 견제하고자 후원자 역할을 한 것도 한몫을 했다.

아시아(중국, 일본)의 해적 소굴

전통적으로 아시아에서 가장 큰 나라는 중국이었다. 그러나 15~16세기에 대항해시대가 열린 유럽과 달리, 중국은 여전히 농업국가로서 해양 세력의 통제권을 가져본 적이 없었다. 15세기에 명나라의 환관 정화가 정부의 지원을 받아 일곱 번의 원정을 떠났으나, 이는 예외적인 일이었다. 하지만 중국에도 해적이 있었다. 중국 해적에 대한 기록을 보면 동한(東漢) 안제 때 해적 장백로 등이 기원전 109년 7월, 3000명의 무리를 이끌고 연해의 9개 군을 약탈하고 지방 관리를 살해했다고 한다. 그리고 동한 말 또는 삼국시대를 거쳐 당대와 5대 10국 시대, 송대와 근대에 이르도록 해적 활동이 있었다.

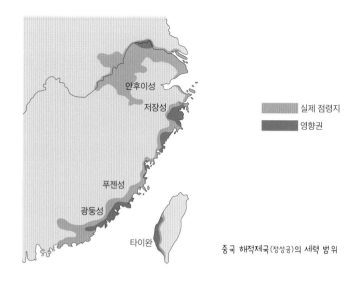

안후이성

저장성

푸젠성

광둥성

타이완

실제 점령지
영향권

중국 해적제국(정성공)의 세력 범위

　중국 해적의 특징은 생계를 유지하기 위해 약탈을 하는 '소해적'이었다는 것이다. 소해적들은 고기가 잘 잡히지 않는 여름에 생계를 위해 활동하다가 고기가 많이 잡히는 가을이 오면 해적질을 접고 고기잡이라는 본업으로 돌아갔다. 이들은 주로 10~20명 정도로 구성되었으며, 해적 활동이 생계 수단이어서 자신들의 근거지를 벗어나지 않았다.

　중국 해적이 소해적에서 대규모로 발전하게 된 것은 17세기 정지룡(鄭芝龍)이 세운 '해적제국'부터라고 할 수 있다. 정지룡은 1624년에 해적단에 들어가 중국과 네덜란드 상선을 약탈했고, 그의 아들인 정성공(鄭成功)도 아버지의 해적제국을 물려받아 해적 활동을 하였다.

이후 중국 해적의 대명사인 정일(鄭一)이 중국 연안에서 활동하던 해적들을 모아 중국 해적의 규모를 크게 키우면서 새로운 양상을 띠었다. 해적연합은 1805년 정일과 그의 부인이 광동의 대해적 7명과 협약을 체결하면서 생겨났는데, 내부 행동방침과 해상 행동방침, 연락 방법, 외국과의 거래 방법 등을 정하고 매우 조직적으로 활동하였다. 해적연합은 흑색, 백색, 적색, 청색, 황색, 녹색의 깃발을 쓰는 6개 함대로 구성되었으며, 각 함대별로 활동 영역을 할당 받고 자율권이 부여되었다.

중국 해적의 근거지는 자신들의 생활 터전인 해안에서 벗어나지 않는 수준이었으나, 18~19세기가 되자 하이난섬이나 베트남 해안 등 먼 해안 지역에 집중되었다. 그중 해적연합은 광둥성의 주요 해역 부근에 자리를 잡았다.

아시아 해적 중에는 일본 해적인 왜구가 있다. 왜구의 활동 시기는 바다를 배로 이용할 때부터라고 할 수 있는데, 14세기부터 16세기 말까지 약 200년 동안 활동이 가장 활발했다고 한다. 14~15세기의 왜구는 곡식과 사람의 '약탈'에 집중했으나, 16세기 후기에는 '밀무역'을 주로 했다.

왜구는 우리가 생각하는 것 이상으로 그 활동 범위가 넓었

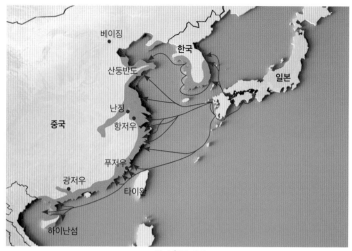

왜구의 활동 영역

다. 왜구는 일본의 남북조시대[06] 때 중앙정부가 사실상 붕괴

되자, 수도였던 교토는 물론 한반도와 중국, 베트남, 필리핀

을 거쳐 태국, 인도네시아, 말레이시아 등 동아시아 지역까

지 가서 노략질을 했던 집단이다. 왜구의 근거지는 주로 이

키섬, 쓰시마섬, 기타큐슈, 세토내해(內海) 등인데, 세토내해

는 왜구가 제해권을 장악해버려 일반 무역선은 물론이고 같

06 1336년 아시카가 다카우지가 고묘 천황을 받들어 북조를 세운 뒤 무로마치 막부를 열
었고, 고다이고 천황이 요시노 지역에 남조를 세움으로써 일본 열도의 왕조는 둘로
분열되었다. 이후 1392년에 남조와 북조가 합쳐지기까지의 기간을 남북조시대라고
한다.

은 일본 내 유력 다이묘[大名][07]의 배나 조정, 막부[08]의 배마저
도 통행세를 내고 지나가야 했다.

우리나라와 해적

우리나라 역사에서 해적에 대한 기록은 대부분 일본 왜구에
대한 것이다. 광개토대왕 비문에 왜구라는 말이 처음으로 등
장하고, 신라 문무왕은 왜구를 격퇴하기 위해 호국 용이 되
겠다는 유언을 남겼는데 이 유언은 당시 왜구의 피해가 얼마
나 컸는지 짐작할 수 있는 말이다. 그 뒤로도 우리가 아는 왜
구에 대한 기록을 남긴 이가 있다. 신라인을 핍박하는 해적
을 소탕하여 해상왕이라 불린 장보고가 바로 그 사람이다.

장보고는 1300여 년 전, 동북아시아 바다에서 당시 신라
인들을 납치하여 노예로 팔던 해적들을 소탕하고자 지금의
완도에 청해진을 세우고 대사가 되었다. 이후 해상에서 해적
을 토벌하여 신라인이 노예가 되는 것을 막았다. 장보고의
업적은 해적 토벌뿐 아니라 서남해의 해상권을 장악하여 당

---

07 중세 일본의 각 지방을 다스리는 영주로 지방에서 세력을 떨치는 호족을 가리킨다.
08 12세기부터 19세기까지 쇼군을 중심으로 한 일본의 무사 정권을 이르는 말이다.

나라와 일본, 나아가 남방, 서역과도 무역을 했다는 점이다.

고려시대에는 수도인 개경 입구까지 왜구가 침입하여 수도 천도를 고려하기도 했고, 특히 고려 말 조선 초에 왜구의 침략이 가장 심해서 고려 말 약 40년간 왜구에게 받은 피해는 고려 멸망의 한 요인이 되었다고 한다. 이때 고려는 왜구 소탕전을 벌였는데 최영 장군의 홍산대첩, 최무선이 화포로 왜선을 불살랐던 진포 싸움과 남해대첩, 이성계의 황산대첩 등이 있었다. 고려 말인 1389년에는 박위의 쓰시마 정벌로 왜구에게 큰 타격을 주었고, 왜구에 대한 자신감을 갖게 하였다고 한다.

조선 초에도 왜구에 대한 토벌은 지속적으로 이어졌다. 1396년, 김사형으로 하여금 쓰시마와 이키를 정벌하게 하여 쓰시마에서는 조선에 토산물을 바치고 그 대가로 미두(米豆)를 받아 가기도 했다. 하지만 왜구의 노략질이 계속되자 1419년, 이종무 등에게 다시 쓰시마를 정벌하게 하고 회유책으로 삼포(부산포, 내이포, 감포)를 개항, 왜관을 설치하여 일정한 규모의 무역을 허용하였다.

그런데 우리나라에는 해적이 없었을까? 물론 있었다. 통일신라 후기인 9세기부터 후삼국시대 무렵인 10세기 초반까지 일본을 약탈하던 해적이 있었다. 당시 헤이안시대 중반기였던 일본에서는 이들을 '신라구(新羅寇)'라 불렀다. 우리나라 사료(史料)에는 신라구에 대한 기록이 없으나 일본 측 사서(史書)인 『육국사(六國史)』, 『일본삼대실록(日本三代實錄)』, 『일본기략(日本紀略)』 등에서는 신라가 일본을 침공한 기록들을 많이 전하고 있다. 신라구들 때문에 규슈 쪽은 사람이 못 살 정도가 되었고, 신라인의 입국 금지 조치를 내렸을 정도였다.

신라구의 주요 약탈 대상은 한반도의 도서 연안은 물론 일본의 쓰시마섬을 비롯해 규슈나 오이타를 넘어 현재의 도야마, 이시카와, 후쿠이, 나이가타 지역을 가리키는 호쿠리쿠와 돗토리, 시마네 지역을 가리키는 산인 그리고 세토내해에 면한 산요도까지 약탈 범위가 넓었다.

이들은 930년대까지도 존재했지만, 고려가 후삼국을 통일한 뒤로는 사회가 안정되고 중앙정부의 통제력이 강화되면서 사라졌다. 이를 보면 해적은 동서고금을 막론하고 사회가 혼란하고 생계가 어려울 때 나타났다가 정국이 안정되면 사라졌다고 할 수 있다.

2장

해적은
어떻게
살았을까?

해적선과 도구

해적선은 시대에 따라 그 모습과 항해 방식 등이 달랐다. 고대, 중세, 근대, 현대로 시간이 흐르면서 선박 제조 기술과 형태가 지속적으로 변해왔기 때문이다. 그래서 해적선을 살펴보는 일은 농시에 선박의 역사와 종류를 파악하는 일이기도 하다.

그리스와 로마 시대의 해적선은 주로 '갤리선'이었다. 갤리선은 사각돛이 달린 커다란 배로 사람들이 노를 저어야 한다. 바르바리 해적들은 커다란 갤리선을 해적선으로 이용했는데, 거의 백 사람이 노를 젓는 규모라고 한다. 대항해시대는 조선 기술의 발달과 함께 열렸다고 할 수 있다. 이때 사용하던 배는 바람의 힘을 이용해 움직이는 '범선'이었다. 범선

16세기 갤리선 모형

슬루프형 커터형 욜형 케치형

톱세일 스쿠너형

브리그형

브리간틴형

바크형 바컨틴형 십형

범선의 종류

은 돛대의 수에 따라 종류가 나뉘는데 돛대가 하나만 달리면 '슬루프'라 불렸고, 두 개가 달리면 '스쿠너'와 '브리간틴'이라 불렸다. 1700년대 말에서 1800년대 초까지 미국의 사략선들이 주로 탄 선박은 '스쿠너'와 '브리간틴'이었다. 돛대가 세 개 이상인 배는 '바크'라 불렸다. 나중에 증기기관을 동력으로 삼는 배가 나오면서 순수 범선은 요트 같은 레저용으로만 쓰이고 있다.

여기서 선박의 종류를 모두 소개할 수는 없더라도 해적 전성기였던 근대에 해적들이 주로 사용한 배를 알아보기로 하겠다. 해적이 많던 시대에 최신 선박 기술은 노와 돛을 함께 쓰는 갤리선과 돛을 이용해 바람만을 동력으로 쓰는 범선에 적용되었다. 대체로 해적들이 돛을 세 개 단 갤리선을 좋아했으나, 18세기 초의 카리브 해적들은 돛이 하나인 갤리선을 선호했다고 한다. 버뮤다와 자메이카에서 주로 만들어지는 슬루프형 갤리선은 속도도 빠르고, 얕은 해역에서도 항해할 수 있다는 장점 때문에 해적들이 사용하기 좋았지만 군함으로는 사용할 수 없었다.

그런가 하면 동양에서는 '정크선'이라 불리는 배가 있었는데, 중국 남부 연안의 해적들이 주로 사용했다. 정크선이란

중국의 정크선

전통적으로 중국에서 쓰던 목조 선박으로 영어권에서는 동아시아계 배를 모두 정크선이라 부르기도 한다. 정크선은 처음에는 해상운송선으로 건조되었다. 하지만 해적들은 이 배들을 나포한 뒤 갑판과 배의 양측에 무기를 장착하여 해적선으로 개조했다. 정크선은 항해에 유리하도록 만들어진 돛을 써서 속도가 매우 빨라 상선을 공격하기 쉬웠다고 한다.

동서양의 해적들이 선호한 배의 특징을 살펴보면 당시 선박의 제조 기술과 형태에 따라 최고의 선박을 이용하였다는 것이다. 중점을 둔 부분은 속도였는데, 선박을 나포하기 위해서는 다른 배보다 빨라야 했기 때문이다.

항해, 선상 생활, 선박 약탈 등을 위해 해적들이 주로 사용한 도구는 무엇일까? 우선 항해 시에 사용된 도구로 나침반, 팔분의, 각도기 등을 들 수 있다.

나침반은 항해에서 방향을 알기 위해 가장 중요한 도구이다. 1569년, 험프리 콜(Humphrey Kohl)은 나침반과 해시계 등 위치측정기구를 제작하였는데 이 기구들은 표면에 도금 처리가 되어 있고, 공해(公海)에 관한 각종 정보가 새겨져 있으며, 사용하지 않을 때는 접어서 보관할 수 있어 좁은 선상에서 아주 유용하게 쓰였다.

팔분의는 한 쌍의 거울을 사용하여 두 천체를 같은 선상에 놓고 비교함으로써 천체 사이의 거리와 별의 고도를 정확하게 재는 도구로, 흔들리는 배 위에서도 수월하게 사용할 수 있었다. 이 팔분의는 후에 망원경을 부착하고 측정각을 넓혀 더욱 정확하게 만든 육분의로 발전하였다.

정오에 태양의 각도를 재서 바다의 위도를 재는 데 쓴 각도기와 북극성이나 태양의 고도를 측정해 위도를 계산해 내는 도구도 있다.

팔분의

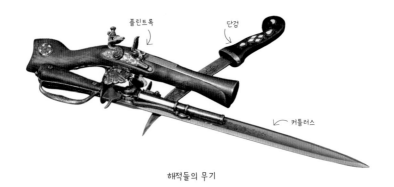

해적들의 무기

　해적들이 쓴 무기로는 커틀러스, 단검, 플린트록, 머스킷, 도끼, 연막탄, 대포 등이 있다. 커틀러스는 해적의 황금시대에 주로 사용했던 외날 칼로서 짧고 넓은 날에 비해 무게가 무겁고, 손가락을 보호해 주는 손잡이가 있는 것이 특징이다. 하지만 좁은 배 안에서 싸우려면 장검보다는 단검이 더 유리했다.

　권총으로는 '플린트록(Flintlock)'이라고 불리는 수발식(燧發式)의 부싯돌 소총을 주로 사용했다. 부싯돌의 마찰을 통해 화약에 불을 붙여 격발하는 장치는 기본적으로 16세기 말엽에 발명되었으나, 가격과 생산 문제로 점진적으로 보급되다가 17세기 말 18세기 초에 이르러 보편화하였다. 이 소총은 한 번밖에 쓸 수가 없어 양손에 한 자루씩 두 자루를 들고 해적질을 했다. 그리고 장총인 '머스킷'도 많이 사용했다. 이 장총은 길이가 길어 목표물의 명중 확률이 높았기 때문에 목표 선박의 키잡이를 주로 공격했다.

다음으로 사용한 도구는 도끼였다. 나포할 선박에 올라가 돛과 돛대를 연결하는 밧줄을 자르기 위해 도끼를 사용했다. 또한 도끼로 선실의 문을 부수거나 보물 상자 등을 열기도 했다.

다른 도구로는 연막탄을 들 수 있다. 이것은 주로 만들어서 사용했으며, 작은 단지나 병에 타르(tar)와 못 쓰는 천 조각 같은 것들을 넣었다. 연막탄은 배 전체를 연기로 감싸서 선원들의 저항 의지를 꺾거나 공포로 몰아넣는 효과가 있었다고 한다. 대포도 있었는데 지금처럼 화약이 들어간 포탄이 아니라 5킬로그램 정도 무게의 돌이나 쇠로 만든 포탄을 사용했다. 돌이나 쇠로 만든 포탄은 목표선의 돛을 부러뜨리고, 나무로 된 선체에 구멍을 뚫어 배에 치명적인 손상을 주는 용도였다.

배 위에서의 생활

해적들은 주로 배 위에서 생활할 수밖에 없었다. 그렇다면 그 생활은 어떠했을까? 결론적으로 말하자면 배 위에서의 생활은 끔찍했다. 당시 해적이 사용한 갤리선의 경우, 그 크기가 매우 작아서 오늘날 우리가 생각하는 여객선이나 크루즈 선박 등의 안락감이나 편안함은 전혀 기대할 수 없었다.

해적의 황금기였던 대항해시대에는 배가 좀 더 커졌지만, 상선의 경우 빈 곳이 거의 화물로 채워져서 활동할 수 있는 공간은 좁았다. 그리고 오늘날처럼 자동화가 되지 않은 범선이라 선원들은 20미터나 되는 돛대 위에 위험을 무릅쓰고 기어 올라가 돛을 다루거나 키를 잡아야 했다. 또한 배 안에서도 범포를 수선하거나 대포를 청소하고, 갑판이나 로프에 페

해적들이 머무는 선실 내부를 표현한 3D 그림

인트나 타르를 바르는 등 여러 가지 잡일을 해야 했다. 식생활도 부실했다. 특히 냉장고가 없다 보니 신선한 음식을 먹을 기회가 극히 드물어, 주로 말린 고기와 딱딱한 비스킷을 먹으며 허기를 채웠다. 이러한 식생활 탓에 많은 해적들이 여러 가지 질병에 노출되어 죽음을 맞기도 했다.

선상 생활은 평등하게 운영되었다. 해적들 대부분이 사회적 불평등에 불만을 가진 자들이었으므로 배에서 일어나는 일들은 민주적으로 결정되었다. 덕분에 해적선에서의 생활은 군함이나 상선보다 좋은 환경으로 더 자유로웠다고 할 수 있다. 근무하는 인원도 상선에 비해 4~5배 정도 더 많았기에 각자 맡은 일도 자연히 줄어들어 노동 강도도 약했다. 또 상선이나 군함에서는 식사 때마다 제한적으로 배식을 받았지만, 해적선에서는 그보다 좀 더 먹을 수 있었다.

그렇다고 해서 해적들이 맛있는 음식과 술을 마음껏 먹었다는 의미는 아니다. 왜냐하면 오랜 기간 배를 타고 지내기 위해서는 배의 크기와 시설이 어느 정도 갖춰져야 하는데, 그것이 제대로 안 되어 음식을 마음껏 실을 수 없었기 때문이다. 배에서 닭을 길러 달걀을 얻었다는 기록이 있을 정도로 식량은 어느 배에서나 귀했다.

해적들은 술을 좋아했다. 특히 럼주와 물, 설탕, 강낭콩을 섞어 만든 술을 즐겨 마셨다. 해적들이 술을 많이 마신 이유 중 하나는 식수 문제가 컸다. 바닷물을 마실 수는 없으니 식수를 대신할 수 있는 맥주, 포도주, 럼주 따위를 싣고 다녔던 것이다.

해적들이라고 해서 매일 약탈 행위를 했던 것은 아니다. 쉴 때면 긴 항해의 따분함을 달래기 위해 카드 게임이나 주사위 놀이를 했다. 그런데 해적들 규칙상 이러한 놀이를 하더라도 돈을 걸고 도박을 하는 것은 거의 모든 해적선에서 금지되었다.

약탈 방법

해적질이 성행하던 시기에는 통신수단이 발달하지 못해 먼 바다에서 문제가 일어나면 구조 요청도 할 수 없었다. 해적들은 약탈에 성공하기 위해 치밀한 계획을 세웠는데, 먼저 목표 선박의 대포 수와 선원 수를 알아내어 전투력을 파악했다. 특히 안전거리를 유지하며 오랜 시간 따라가야 하다 보니 목표 선박의 전투력을 여유 있게 계산했다.

스페인 선박을 약탈하던 버커니어 해적들의 약탈 방법은 조금 특이했다. 먼바다가 아닌 연안에서 작은 보트인 '카누'를 여러 척에 나누어 타고 목표물에 접근해 공격했는데, 해안에서는 카누가 범선보다 발견하기 어려웠다. 그리고 목표 선박을 쉽게 무방비 상태로 만들기 위해 위조 깃발을 사용했

해적 깃발들

헨리 에브리 해적 깃발

크리스토퍼 무디 해적 깃발

'검은 수염' 해적 깃발

'검은 남작' 로버츠 해적 깃발

'캘리코 잭' 해적 깃발

토머스 튜 해적 깃발

다. 배의 국적을 알리려면 깃발을 걸어야 했는데 해적선은 그 깃발을 위조해 상대방의 주의를 흐트러뜨렸다. 좀 더 대담한 해적들은 위조 깃발 대신 검은색 해적 깃발[01]로 상대방을 공포로 몰아넣어 전의를 상실하게 만들었다.

배에 손상을 주는 일은 강렬한 저항이 없으면 피했다. 배에 손상을 주지 않으면 배를 전리품으로 가질 수 있었기 때문이다. 해적들은 일단 배의 대표 격인 선장을 인질로 삼은 후에 배를 약탈했다.

[01] '유쾌한 졸리(Jolly Roger)'로 불리는, 해골이 그려진 검은 깃발은 17세기 말부터 1730년까지 약 40년간 많은 해적들에 의해 일반적으로 사용되었으며, 해적들마다 자체 깃발을 만들어 썼다.

삶과 죽음

해적들은 늘 생사를 오가는 삶을 살았다. 그 때문에 미래를 대비하기 위해 뭔가를 아끼거나, 오늘 하고 싶은 일을 참지 않았다. 평소 배에서는 전투에 대비해 알맞은 옷과 장비를 착용하였지만, 뭍에 상륙했을 때는 약탈한 화려한 옷과 팔찌, 목걸이 등 장신구를 착용하고 다녔다.

해적들이 전투에 패하거나 군함에 잡히면 어떻게 되었을까? 붙잡힌 해적들은 구경꾼들 앞에서 재판을 받았고, 유죄 선고를 받으면 거의 교수형을 당했다. 당시 해적은 무죄나 집행유예를 받는 경우가 거의 없어 재판이 신속하게 이루어졌다. 영국의 경우 대부분은 교수형에 처했으나 스페인은 교수대 기둥에 달린 쇠고리에 목을 끼워 나사로 졸라 죽이는

기구(가로테, garrote)를 활용했다. 프랑스는 식민지에 유형을
보내는 방법을 썼다.

해적은 죽은 뒤에도 자유롭지 못했다. 시체는 해부용으로
사용되기도 했으며, 해적에 대한 경고의 의미로 항구를 드나
드는 배가 잘 볼 수 있는 곳에 목을 매달아 놓기도 했다. 영
국에서는 1701년에 해사법원이 세워졌는데, 저조선(썰물 때 해
수와 육지가 만나는 해안선) 밖에서 저지른 범죄의 재판을 관장했
다. 영국에서 형을 선고 받은 해적들은 썰물 경계선에 세운
교수대에서 형을 집행했다. 이는 해적에 대한 일종의 경고이
자, 해사법원이 관할권 내에서 형을 집행했음을 의미하는 것
이었다.

해적들의 규칙

사회에 규칙이 있듯이 해적들 사이에도 규칙이 있었다. 모든 해적들이 똑같은 규칙을 갖고 생활한 것은 아니고, 해적선단 별로 각각 달랐다. 대체적으로 평등권을 기반으로 하되 해적 이라는 집단을 유지하는 데 필요한 것들이 중심이 되었다는 특징은 공통적이다.

해적들은 평등해지고자 해적 행위를 시작했다. 이러한 이 유로 선장을 뽑을 때도 선원들의 동의를 얻거나, 어떤 일을 결정할 때 1인 1표의 투표권을 행사했다. 투표에 부치는 주 요 사항으로는 약탈할 대상 선박을 선정하거나, 해적선이 머 물 기항지를 선택하는 일, 해안가 마을을 공격하는 일 등이 있었다. 약탈로 얻은 전리품은 각자 역할에 따라 나누었다.

평등을 강조하여 모두 똑같이 나눌 경우, 능력이 있거나 더 어려운 일을 한 사람들이 오히려 불만을 가질 수 있기 때문이었다.

그러면 누가, 얼마나 더 받았을까? 이 또한 해적선단 별로 차이가 있지만 통상적으로 선장과 조타수는 2단위, 일반 선원은 1, 포수장과 갑판장은 1.5, 다른 간부 선원들은 1.25를 받았다. 이렇게 가장 많이 받는 자와 가장 적게 받는 자의 차이가 2배 정도밖에 나지 않은 것은 역할에 따라 다르기는 하지만, 기본적으로 모두가 생명의 위협을 받고 있다는 공유의식 덕분이었다. 오늘날 대기업 CEO나 임원들의 연봉과 일반 직원 간의 연봉 차이가 수십 배에서 수백 배 차이가 나기도 하는데, 해적들의 이러한 배분 방식과 배분율은 어찌 보면 자본주의사회가 고려해야 할 부분이기도 하다.

선상 생활에서 규율도 강력한 편이었다. 특히 동료의 물건을 훔치거나 뺏은 자는 코와 귀를 자르고 무인도에 던져버렸다. 동지애가 무너지면 해적 사회도 무너진다고 생각해 이를 엄격히 처벌한 것이다. 주사위나 카드놀이를 할 때는 돈을 걸고 하지 못하도록 했는데, 좁은 선상에서 갈등을 방지하기 위한 조치였을 것이다.

성폭력 등의 범죄를 막기 위해 해적들은 소년이나 여성을 태워서는 안 된다는 규칙을 가지고 있었다. 특히 여성을 유혹하여 배에 태우면 사형에 처하기도 했다. 하지만 여자 해적들도 존재했다는 것을 보면 이 규율이 해적 사회에서 공통적인 규칙으로 받아들여지지 않았다는 것을 알 수 있다.

해적들은 평상시에도 전투에 대비하기 위해 단검, 소총 등 장비를 점검해야 했다. 전투 중 도망가는 자는 처형하거나 무인도에 버렸으며, 배 안에서는 서로 싸우면 안 되었다. 언쟁이 생기면 선박이 아니라 육지에 내려 칼이나 권총으로 결투하도록 했다. 이는 선상에서 안전한 활동을 하기 위한 규율이었다.

근무 중 사고로 불구가 되거나 부상자를 위한 보험제도도 있었다. 해적에 관한 가장 고전적인 저서인 존슨 선장(Captain Charles Johnson)의 『해적의 일반 역사』에 실린 규약을 보면, 보험제도는 각자 1000파운드씩 벌 때까지 해적을 그만두어서는 안 된다는 조건하에서 근무 중 불구가 된 자는 기금에서 800은화를 받는다. 부상자는 부상 정도에 따라 보상을 받는데 오른팔을 잃었을 경우 600은화, 왼팔과 오른다리는 500은화, 왼 다리는 400은화, 눈이나 손가락 하나는

규약에 서명
하는 해적
(1936년 미국의
카드 그림)

100은화로 우리 신체 부위의 중요도에 따라 아주 구체적으로 보험금을 주도록 하고 있다.

또 하나 의외의 규율은 배를 떠날 수 있는 권리가 있다는 것이다. 선원들이 선장을 뽑을 때 선장 반대편에 섰던 해적들은 배를 떠날 수 있었다. 이러한 권리의 인정은 해적들의 평등 의식과 선장을 투표로 뽑는 체제에 기인한다. 선장이 너무 폭력적이거나 선원들의 의견을 무시할 경우 선상 반란을 일으켜 선장을 쫓아내기도 했다. 만약 선장이 사망하거나 새로이 선장을 뽑아야 할 때 자기가 원하지 않는 선장이 선출되면 배를 떠나 자신들이 생각하는 지도자를 중심으로 새로운 해적 집단을 구성하는 제도는 오히려 해적질에 따른 내부 위험 요소를 사전에 없애준다.

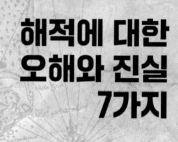

3장

해적에 대한
오해와 진실
7가지

해적은 주로 보물을 털었다?

우리는 해적선이라고 하면 곧잘 보물선을 떠올린다. 그런데 정말 모든 해적들이 금과 은, 장신구 등 보석을 주로 털었을 까? 해적들이 주로 보물을 털었다고 생각하는 데는 유명한 해적이 약탈한 선박 중에 엄청난 보물이 들어 있었다는 기록 때문이다.

스페인 대선단이 식민지에서 약탈한 금은보화 등을 본국 으로 가져가는 아주 특별한 경우나, 당시 무굴제국 등 왕실과 관련한 선박에는 이러한 보물이 실려 있었지만 보통의 경우 에는 주로 화물이 있었다. 그중에서도 공산품이나 향신료, 옷 감 등 당시 값비싼 화물은 해적들이 선호한 약탈 대상이었다.

해적은 모두 어딘가에 보물을 숨겼다?

해적들이 보물을 숨겼다는 말은 소설이나 만화 속의 단골 소재다. 예를 들어 '검은 수염' 에드워드 티치나 윌리엄 키드 선장 같은 해적이 보물을 숨겼다는 전설이 전해지지만, 아직까지 이들이 숨긴 보물을 찾았다는 기록은 없다. 보통의 해적들은 보물을 실은 선박을 약탈하면 그 전리품에 대해 자신의 공로에 따라 적절하게 배분을 받았다. 해적들은 그것을 돈으로 바꾸어 주로 술과 고기를 먹거나, 유흥을 위해 돈을 썼기 때문에 숨길 만한 보물은 매우 제한적이었을 것이다.

해적은 피도 눈물도 없는 잔인한 살인마였다?

해적에 대한 이미지 가운데 하나는 나포한 선박의 선원들을 잔인하게 죽이는 살인마일 것이다. 그런데 당시에는 노예시장이 있어서 납치된 선원들을 함부로 죽이지 않았다. 인질로 잡은 선원들에게 몸값을 요구하거나, 몸값을 못 받을 경우 노예시장에 팔면 엄청난 돈을 벌 수 있었다는 말이다. 로마시대 때 카이사르도 해적들에게 잡혔다가 몸값을 지불하고 풀려났다는 이야기처럼 납치한 선원을 대상으로 돈벌이를 한 기록은 오래된 이야기다.

중세시대에 활동한 바르바리 해적들은 화물보다 오히려 선원들을 납치해 노예시장에 매매하는 것으로 유명했다. 당시 해적들은 포로로 잡은 선원들도 화물과 같이 매우 귀중한 재산으로 인식하고 관리했다. 고대에서 근대까지 노예제도가 합법적이었던 까닭에 대부분의 국가에는 노예를 사고파는 노예시장이 있었다. 물론 잔인하게 포로들을 죽인 에드워드 로 같은 해적도 있었지만, 대부분의 해적은 납치한 선원들을 노예시장에 팔아서 이윤을 챙겼다.

여자 해적은 없었다?

우리가 생각하는 해적들은 모두 남자다. 그런데 해적들 중에는 여자 해적들도 제법 있었다. 가장 유명한 여자 해적으로는 영국의 메리 리드, 아일랜드의 앤 보니, 스칸디나비아의 공주 출신인 알비다, 중국의 해적선단을 이끈 정일수 등이 있었다.

이들은 해적이 된 배경에 따라 자신이 여자라는 것을 숨기고 남자 행세를 하면서 활동(메리 리드, 앤 보니)하기도 했으며, 그중 알비다는 해적들에 의해 선장으로 추대되기도 하였다. 정일수는 해적 선장의 부인이 되어 활동하다 해적 선장이 된 경우로 조금씩 차이가 있다. 이러한 기록들을 보면 해적들은 모두 남자였고 여자 해적은 없었다는 것은 편견이라고 할 수 있다.

모든 국가는 해적을 토벌하기 위해 노력했다?

해적은 다른 배를 약탈하거나 빼앗는 바다의 도둑이므로 모든 국가가 해적을 공공의 적으로 삼아서 잡으려고 노력했어야 했다. 그런데 아이러니하게도 국가가 해적을 이용하거나 묵인한 사례가 많았다.

영국은 세계 제패를 위해 스페인을 억누르는 수단으로 해적을 이용하였다. 다른 나라의 배를 약탈할 수 있도록 한 '사략선'을 통해 적국인 스페인도 견제하고, 해적들이 약탈한 전리품 일부를 국가에 바치게 함으로써 국가 재정에도 도움이 되는 일거양득의 국가 정책을 펼쳤다. 이는 영국뿐 아니라 스페인이나 프랑스 등 당시 다른 모든 국가도 활용했던 보편적인 정책이었다.

18세기 영국 해군이 프랑스와 스페인 해군을 제압하자, 강력한 영국 해군에 대항하기 위해 프랑스는 사략선을 활용해 함대 전투보다는 상선을 공격하는 전술로 전환하였다. 프랑스 사략선은 7년 전쟁(1756~1763년) 동안 영국에 영향을 줄 정도였다. 미국에서도 1775년 독립전쟁이 발발하자 대륙회의(1774년 북아메리카의 13주 대표들이 창설한 미국 독립을 위한 최고 기관)와 개별 식민지들이 사략선을 육성하기 시작했다. 당시 미국 해군은 거의 제구실을 못 했으나, 미국 사략선들이 영국 상선을 3000척 이상 공격해 영국에 타격을 입혔다. 1812년에 일어난 미영 전쟁(1812~1815년)은 해전이 많았는데, 미국은 150척이나 되는 사략선을 띄워 영국의 상선들을 공격했다. 3년 동안 빼앗은 영국 상선이 1300척 이상이나 되었다고 한다.

해적들은 낭만과 꿈을 찾아 해적이 되었다?

해적들은 처음부터 꿈이 해적이었을까? 소설『보물섬』이나 만화 〈원피스〉에 나오는 해적들은 자신의 꿈을 찾기 위해 세계 일주를 하는 낭만적인 사람들이다. 그런데 현실에서도 해적이 꿈인 사람이 있었을까? 단연코 아니라고 말할 수 있다. 해적들이 해적질을 시작한 이유는 대부분 먹고살기가 힘들었기 때문이다. 육지에서 살기 힘든 사람이 해적이 되어 바다로 나가기도 하고, 바다에서 선원 생활을 하다가 너무 고통스럽고 힘들어 해적질을 시작한 경우도 있다. 물론 앞서 언급한 바와 같이 공주가 해적이 되거나 상선의 항해사라는 고급 인력이 해적질을 하기도 했지만, 이들은 아주 예외적인 경우라고 할 수 있다.

근대의 해양 역사를 보면 국가에서 사략선 제도를 운영하여 전시에 해적을 국가의 일을 하는 일원으로 활용하였으나, 평화의 시대가 오면 국가는 해적을 단속하였다. 영국의 프랜시스 드레이크나 드레이크의 사촌 형인 존 호킨스 경은 자신의 해적 생활을 국가 방위와 긴밀하게 연결한 사람들이었다. 바베이도스 출신인 스티드 보넷은 존경 받는 농장주로서의 안락한 삶을 버리고 해적이 되었다. 존슨 선장의 『해적의 일반 역사』에 묘사된 바에 따르면 스티드 보넷은 궁핍해서가 아니라 따분해서 해적 행위를 시작했다고 한다.

해적들은 마음껏 술과 고기를 즐겼다?

해적들이 술과 고기를 마음껏 먹고 생활했을 것이라는 생각도 해적에 대한 오해 중의 하나다. 한마디로 해적들 대부분은 풍족한 식생활을 누리지 못했다. 해적들의 전성시대라고 할 수 있는 근대 시기에 귀족을 제외한 거의 모든 사람은 '목구멍에 풀칠하기'도 바빴다. 그런데 왜 해적들은 술과 고기를 마음껏 즐겼다고 생각하게 되었을까? 물론 약탈에 성공했을 때는 술과 고기를 마음껏 즐겼을 것이다. 기대하지도 않았던 보물이 선박에 잔뜩 실려 있었다면 기쁜 마음에 잔치를 벌일 수 있었겠지만, 평소의 식사는 형편없었다고 보아야 한다. 대체로 해적선은 선상이 좁아서 음식과 물을 많이 실을 수 없었기에 급식이 매우 제한적으로 지급되었다. 이렇게 물과 식량이 부족한 데다 신선한 음식을 거의 섭취하지 못해 해적들은 괴혈병·류머티즘·황열병·피부병 등 온갖 질병에 시달렸다.

4장

세상에서 가장
유명한 해적

가장 무섭고
잔인한 해적

역사상 가장 잔인하고 무서운 해적은 누구일까? 해적은 거의 모두 잔인하기로 소문이 나 있지만 대표적으로 에드워드 로와 '검은 수염' 에드워드 티치, 로슈 브라질리아노를 꼽을 수 있다.

우선 영국 출신의 에드워드 로(Edward Low, 1690~1724?년)는 1721~1724년까지 3년간 북아메리카 동부, 아조레스, 카리브 해 등지에서 약탈을 자행하였다. 로가 어떤 행위를 하였기에 잔인함의 대명사가 되었을까? 로는 해적질한 배의 선원들에게 해적이 되도록 종용했고, 약탈한 배는 모두 불태웠으며, 포로들을 죽이기 전까지 끔찍하게 고문했다. 1723년 포르투갈 선박을 약탈했을 때 로의 행동은 가히 엽기적이었다. 포르투갈 선박의 선장이 재화를 빼앗기지 않기 위해 금화를 바다에 던지자, 화가 난 로는 선장의 입술을 베는 등 고통스럽게 고문하고 배에 남은 32명의 선원을 모두 죽인 뒤 배를 불태웠다. 이 사건 말고도 로는 뉴잉글랜드 출신의 선장이 탄배를 불태운 다음 그의 코와 귀를 잘라버렸다.

로는 영국의 프리깃함(Frigate艦; 19세기 전반까지 유럽에서 활약한, 돛을 단 목조 군함) 그레이하운드호와의 전투에서 참패를 당하면서 더욱 난폭해졌다고 한다. 눈에 보이는 선박을 닥치는 대로 공격해 나포하고, 선장의 머리를 총으로 쏘았으며, 선원들을 모두 식량 없이 바다에 표류하게 만들었다. 이러한 행동을 본 로의 부하들마저 그를 미치광이라 불렀고, 살아남은 자들은 그를 사이코라 증언했다. 로의 행위에 대해 존슨 선장은 『해적의 일반 역사』에서 "로의 야만성을 따라올 해적은 눈에 띄지 않는다"고 썼다. 로는 '세상에서 가장 무섭고 잔인한 해적'이었다고 할 수 있다.

이렇게 잔인한 로의 종말은 어떠했을까? 서아프리카의 카나리 제도와 기니 근처에서 목격되었다는 말도 있고, 1724년 브라질로 항해하던 중 폭풍을 만나 실종되었다는 이야기도 있다. 런던의 해양박물관 자료에 따르면 그는 한 번도 잡히지 않았으며, 브라질에서 여생을 마쳤다고 한다. 어떤 것이 진실이든 아직까지 로의 죽음에 대한 명확한 기록이 없다는 것만은 사실이다. 로는 2년간 100척이 넘는 배를 약탈했는데, 그의 악명은 '검은 수염' 티치나 '검은 남작' 로버츠와 같이 동시대에 악명을 떨친 다른 해적들과 함께 국가가 군사적으로 토벌에 나서게 하여 해적의 황금기를 끝내는 계기가 되었다.

또 한 명의 무시무시한 해적으로 '검은 수염(Blackbeard)'이라는 별명을 가진 영국 출신의 에드워드 티치(Edward Teach, 1680?~1718년)를 들 수 있다. 검은 수염 에드워드 티치는 바하마 제도의 뉴프로비던스와 미주 동부 해안에서 활동하던, 큰 키와 거대한 덩치의 소유자로 2년간 바다를 공포로 다스린 해적이다.

티치가 잔인함의 대명사가 된 이유는 자신의 선원에게 총을 쏘았는데 그 이유가 '가끔 수하 한 명쯤 죽이지 않으면 이 몸이 누구신지 잊을 것'이었다고 한다(작가 마이클 크라이튼의 유작인 『해적의 시대』에도 주인공인 헌터 선장이 같은 말을 했다). 또 선원들과 술을 마시다가 '지옥'을 보고 싶다며 죄수들이 탄 자신의 해적선을 불태우기도 했다는 것이다.

티치는 1718년, 로버트 메이너드 대위가 이끄는 영국 해군에 잡혀 교수형을 당했다. 영국 정부가 티치를 진압한 주원인은 티치가 수많은 정부의 상선과 주요 인사들이 탄 배를 공격했기 때문이다. 영국 정부로서는 바다의 안전과 다른 나라와의 거래에 손해가 가지 않도록 할 필요성이 있었다. 좀 더 직접적으로는 티치의 해적 기지였던 노스캐롤라이나 주민들이 해적 소굴이 되어가는 자신들의 주거지를 더 이상 방치할 수 없어 버지니아주의 알렉산더 스포츠우드 총독에게 해적 퇴치를 요구한 것이 또 하나의 요인이었다.

로슈 브라질리아노(Roche Braziliano, 1630?~1671?년)라는 해적도 악명을 떨쳤다. 로슈는 네덜란드 출신으로 자신이 술을 마실 때 함께 마시지 않는 사람은 누구든 총으로 쏘려 했고, 포로로 잡혀 온 스페인 선원들과 돼지를 내놓으라는 명령을 거부한 농민들의 팔다리를 잘라 산 채로 불에 태웠다는 일화가 전해 내려온다. 로슈는 자메이카 포트로열을 근거지로 하여 활동했으며, 금은보화를 가득 실은 스페인 선박을 약탈하면서 이름을 알렸다.

소설이나 만화의
모티브가 된 해적

우리가 해적을 흥미롭게 생각하는 것은 소설이나 만화 때문일 것이다. 해적 이야기를 다룬 소설이나 만화는 해적의 전성시대를 구가하던 전설적인 해적을 모티브로 한 경우가 많다. 만화 중에서 유명한 것은 〈원피스〉로 저자는 일본의 오다 에이치로尾田榮一郞다. 그는 해적의 모험을 여러 에피소드로 다루고 있는데 '골 D. 로저(Gol D. Roger)의 처형식'의 모티브가 된 해적이 있다.

만화의 내용을 살펴보면 골 D. 로저는 로저 해적단의 선장이자 해적왕으로 역사상 그 누구도 이르지 못했던 '최후의 섬' 라프텔에 도달하여 세계 일주를 끝내고 원피스를 손에 넣었던 인물이다. 하지만 그 후 자신의 고향에서 공개 처

'검은 수염' 에드워드 티치(18세기 삽화)

형되었는데, 이 로저의 모델이 '검은 수염' 에드워드 티치라고 한다. 18세기 카리브해에서 약 40대의 함대를 거느렸던 해적왕 '검은 수염'은 1718년 영국 해군 로버트 메이너드 대위가 이끄는 함대에 패해 참수되었다. 그런데 그는 참수되기 직전에 "어딘가에 엄청난 양의 보물을 숨겼다!"라는 말을 남겼다고 한다. 이로 인해 많은 사람들이 해적이 되거나, 보물 사냥 붐이 일어나기도 했다.

보물 사냥꾼들은 지금도 미국 동쪽, 메릴랜드주와 버지니아주에 걸쳐 위치한 체서피크(Chesapeake)만에서 카리브해의 케이맨(Cayman) 제도까지 '검은 수염'이 활동하던 해역을 뒤지고 있다. 그런데 이 보물을 찾으면 과연 전부 다 보물 사냥꾼들의 몫이 될까? 이것은 또 다른 이야기이니, 관심이 있다면 『바닷속 보물선은 누구 것인가요?』와 같은 책을 읽어보기

바란다.

〈원피스〉는 최근의 작품이지만, 해적이라는 소재가 일반 대중문화 영역으로 확장된 것은 로버트 루이스 스티븐슨(Robert Louis Stevenson, 1850~1894년)이 1883년에 쓴 『보물섬(Treasure Island)』덕분이라고 할 수 있다. 특히 해적 선장 존

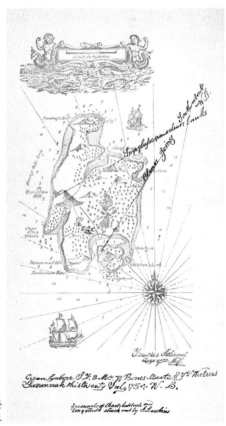

로버트 루이스 스티븐슨이 만든
보물섬 지도

실버의 이미지는 많은 사람들에게 해적의 이미지를 만들어 주었다고 할 수 있다. 소설 『보물섬』은 만화 〈원피스〉에 나오는 캡틴 키드의 모티브가 되었다.

〈원피스〉의 캡틴 키드는 키드 해적단의 선장으로 성격이 공격적이고 흉포하며, 해적왕을 목표로 하는 인물이다. 이 인물의 모델은 가장 불운한 해적으로 평가 받는 윌리엄 키드이다. 윌리엄 키드 선장은 영국 정부를 매수하려고 막대한 보물을 축적했다고 전해지지만, 키드 선장이 죽고 나서 어떤 이도 그 보물을 찾지 못했다.

그런데 2015년 5월, 해적 황금기 당시 중요한 통상로이자 인도양 해적의 본거지 역할을 했던 마다가스카르의 해저에서 키드 선장의 보물로 추정되는 유물의 일부가 발견되어 마다가스카르뿐만 아니라 전 세계를 흥분에 빠트린 적이 있다. 유물을 발견한 해저 탐험가들은 50킬로그램이나 되는 은덩이를 해안으로 가져와 마다가스카르 대통령에게 선물로 주었다고 하는데, 이것이 키드 선장의 보물인지는 아직 확인되지 않았다.

가장 부자인 해적

해적 활동으로 가장 많은 재화를 벌어들인 해적은 누구일까? 영국 출신의 '블랙 샘' 새뮤얼 벨러미(Samuel Bellamy, 1689?~1717년)는 2년이라는 짧은 해적 생활을 하는 동안 1억 2000만 달러의 부를 축적했다고 한다.

블랙 샘은 원래 보물 사냥꾼이자 상인이었으며, 국가의 지원을 받는 스페인 침몰선 헌터로 활약했지만 그가 찾은 보물선은 없었다. 그는 1715년 플로리다 동쪽 해안에서 침몰한 스페인 보물선 인양업자를 공격한 헨리 제닝스와 함께하였고, 1716년경에는 뉴프로비던스에서 벤저민 호니골드의 부하로 들어가 입지를 쌓았다. 벤저민이 은퇴하자 선원들의 추대로 선장이 된 블랙 샘은 군함들의 항로를 피해 스페인, 프

위더호에서 발견된
유물

랑스 함대 등 50척이 넘는 배를 약탈했다. 배에는 상아, 금, 은, 보석 같은 보물이 가득 채워져 있었다. 블랙 샘은 1717년에 '위더(Whidah)호'라는 영국의 노예선을 공격했는데 이때 올린 수익이 노예 700명, 의류와 설탕 그리고 금과 은이 4.5톤이었다.

블랙 샘은 다른 해적들과 달리 자비로운 성품으로 유명했다. 포로를 잡으면 죽이지 않고, 오히려 물건만 빼앗고 배를 돌려주었다고 한다. 블랙 샘은 은퇴 후 노후를 보내려고 보스턴으로 향하던 중 1717년 4월 26일, 매사추세츠주 케이프 곶(串)에서 거대한 폭풍을 만나 배가 난파하는 바람에 사망하였다. 난파한 위더호는 1984년 해저 탐험가인 배리 클리포드에 의해 인양되었고, 선박에서는 동전, 대포의 파편과 칼자루 같은 무기를 비롯해 배의 종까지 발견되었다.

가장 현명한 해적

해적이라고 하면 대체로 거칠고 무식하여 활동 기간이 매우 짧은 편이었다. 그런데 가끔 현명한 해적도 있었으니 바로 무굴제국 공주를 잡은 영국 출신의 헨리 에브리(Henry Every, 1653?~1696년) 선장이다. 에브리는 1690년대 초, 무허가 노예무역선 선장으로 있다가 1694년 6월 '찰스호'라는 스페인의 사략선에서 일등 항해사로 활동했다. 당시로서는 항해사라는 유능한 엘리트가 해적이 된 독특한 경우라고 할 수 있다.

에브리는 선상 반란을 일으켜 선장이 되었는데, 인도와 중동을 오가는 무장 보물선단을 약탈하기 위해 해적들과 동맹을 맺고 해적선단을 결성하였다. 1695년 9월, 에브리 선장은 인도의 보물선 파테모하메드호와 간지사와이호를 나포했

헨리 에브리 선장
(18세기 판화)

다. 간지사와이호는 무굴제국 황제가 소유한 배로 이슬람 순례차 예멘 메카로 떠나는 딸을 위해 60만 파운드(오늘날 약 1억 500만 달러의 가치) 상당의 금, 은, 보석을 싣고 있었다. 이 정도의 화물을 실어 나르고 지키기 위해서는 엄청난 무장을 했을 것이고, 이렇게 무장한 배를 공격해 빼앗은 쪽의 지략과 배짱도 보통은 아니었을 것이다. 역사상 최대의 보물을 약탈한 에브리는 해적선단과 선원들에게 배당을 한 뒤 해적 동맹선단을 해체하였다. 에브리는 신변 보호를 위해 바하마 총독에게 뇌물을 건넨 뒤 아일랜드로 가서 자취를 감추었다.

무굴 선박의 나포에 따라 영국 정부는 에브리를 잡기 위해 현상금 1000파운드를 내걸고 역사상 최초의 국제 수배범 수색을 펼쳤으나 결국 잡지 못했다. 에브리 선장이 현명했던 이유는 해적들은 보통 크게 빼앗은 재물을 자기의 고향으로 가지고 가서 여생을 풍요롭게 보내고 싶어 한다. 에브리의 해적 동료들은 거의 모두 고향인 영국으로 갔고, 몇 명은 붙잡혀 교수형을 당했다. 그런데 에브리는 영국이 아닌 아일랜드로 가서 자취를 감추었으니, 해적으로 크게 성공하고 떠날 때를 알았던 인물이었다.

귀족이 된 해적

귀족이 된 해적도 있다. 우리의 상식으로 이해할 수 없지만, 실제로 있었던 일이다. 그 주인공은 1세대 해적인 영국 출신의 프랜시스 드레이크 경(Sir Francis Drake, 1540?~1596년)이다. 드레이크는 해적이자 항해자로 마젤란 이후 세계에서 두 번째로 지구를 한 바퀴 도는 데 성공한 사람이다.

드레이크는 본래 귀족이 아니었다. 당시 영국은 스페인을 견제하기 위해 사략선업자에게 약탈 허가증을 주었는데, 드레이크도 사략선업자로 활동하면서 스페인 선박을 나포해 빼앗은 재물을 영국 왕실에 제공했다. 이뿐만 아니라 세계 3대 해전 중 하나인 칼레 해전(1588년)에서 화약과 기름을 싣고 불을 붙인 배를 적의 함대로 보내는 해적들의 전법으로 스

필립 제임스 드 루터부르그가 그린 〈스페인 무적함대의 패배〉(1796년)

페인의 무적함대를 격파하여 '해적의 왕'이라는 별칭을 얻기도 했다. 무적함대의 대패는 스페인이 독차지했던 해상무역권을 영국에 넘겨주는 계기가 되었으니, 그 역사의 전환점에 해적 드레이크가 있었다는 점에서 다른 해적들과 차이가 있다. 드레이크의 이러한 공로로 엘리자베스 1세는 드레이크에게 1581년 기사 작위를 주었다.

드레이크는 1579년 칠레 앞바다에서 스페인 보물선 카카푸에고호를 나포하였는데 배에는 금 80파운드, 은 26톤, 백은 13상자 외에도 보석, 식기류 등 많은 보물이 실려 있었다. 이 보물을 옮기는 데 6일이나 걸렸다고 하니 그 규모가 얼마나 대단했는지 알 수 있다. 드레이크는 카카푸에고호에서 약탈한 물품의 금액 60만 파운드를 왕실에 바치고 그중 30만 파운드를 돌려받았다는 기록이 있다. 당시 영국 국가의 예산이 20만 파운드였다는 것을 생각하면 드레이크가 바친 금액의 규모를 짐작할 수 있다. 경제학자 J.M.케인스에 의하면 당시 드레이크가 엘리자베스 여왕에게 바친 재화의 금액이 영국의 대외 부채를 갚고도 남아, 동인도회사의 전신인 레반트회사 출자금으로 투자되었다고 한다.

전설이 된 해적

해적들 중에는 전설로 이름을 남긴 해적도 있다. 전설이 된 해적들은 특별히 다른 삶을 살았다. 보통의 해적들은 2~3년 정도 활동하다가 잡혀서 교수형에 처해지는 경우가 많았다. 그런데 만화 〈원피스〉의 '도끼손 모건 대령'의 모티브가 된 영국 웨일스 출신의 헨리 모건(Henry Morgan, 1635~1688년)이라는 해적은 달랐다.

헨리 모건은 1655년부터 1673년까지 거의 20년 가까이 해적 생활을 했고, 전투에서는 백전백승이었으며, 영국군으로서 스페인 해군과 싸워 많은 공을 세웠다. 이로 인해 영국의 찰스 2세는 헨리 모건에게 '기사' 작위를 내렸다. 드레이크와 마찬가지로 귀족이 된 셈이다.

기록에 따르면 모건이 스페인으로부터 빼앗은 금은보화는 당시 스페인 식민지 보유량의 1/4이나 되었다고 한다. 해적으로서 악명을 떨친 것은 '포르토벨로(Porto Bello) 전투'로 여인과 수녀, 노인들을 방패막이로 세웠다고 한다. 자메이카 일대 해적들의 우두머리가 되기도 한 모건은 파나마를 점령하기 위해 지원자들을 모았을 때 또다시 전설이 될 만한 일화를 남겼다. 당시 카리브해의 거의 모든 버커니어들이 그의 휘하로 참여했는데, 이 원정대의 규모는 배 33척에 인원수는 2000명 정도였다고 한다. 이들과 함께 파나마에 있던 1200명의 시민군과 400명의 기병을 격파하였으니, 웬만한 국가보다 더 막강한 군사력이라 할 수 있을 것이다.

그 후 모건은 영국 정부의 해적 해산 명령에 순응하여 기사 작위를 받고 자메이카 부총독으로 돌아와 부귀영화를 누리며 1688년까지 살았다고 한다. 그의 삶은 모든 해적들이 바라던 꿈 같은 삶이었다.

가장 불운한 해적

해적 활동을 하면서 믿는 도끼에 발등을 찍힌 불운한 해적도 있다. 윌리엄 키드(William Kidd, 1645?~1701년) 선장은 1645년 스코틀랜드에서 태어났는데, 흥미롭게도 그는 영국 정부가 해적 소탕을 위해 고용한 인물이었다. 하지만 키드 선장은 소탕되기는커녕 스스로 해적이 되었다. 키드는 1690년대에 사략선을 운영하기도 했지만, 결국 1701년 영국 정부에 잡혀 교수형을 당했다.

키드가 활동할 때 영국의 귀족들은 해적질을 하는 데 많은 투자를 했다. 이 투자자들 중에는 뉴욕 총독도 있었다고 한다. 키드의 불운은 키드가 인도양에서 프랑스 국기를 게양한 '케다머천트(Quedagh Merchant)호'를 납치하면서 시작되었다.

Capt. Kidd hanging in chains. p. 178.

키드 선장의 사형

케다머천트호는 알고 보니 프랑스 동인도회사의 보호를 받는 배였지만, 배의 주인은 무굴제국 사람이 소유한 상선이었다. 당연히 무굴제국은 자국의 배가 영국 사략선에 나포되었다는 소식에 영국에 강력하게 항의하였다. 영국에서는 이 일로 아프리카-인도 항로가 위협 받을 수 있다고 생각해 위험을 회피하고자 키드의 행위를 해적 행위로 규정하고 해군에 체포 명령을 내렸다. 키드가 불운했던 이유가 케다머천트호의 나포에서 비롯되었지만, 당시 해적 사업에 많은 투자를 한 영국 귀족 사회의 어두운 면이 어쩌면 더 결정적인 것이었을 수도 있다.

어쨌든 무굴제국의 항의 이후 영국 정부는 해적을 없애야 했고, 해적 사업에 많은 투자를 했던 귀족들 입장에서는 이런 사실이 세상에 알려지기 전에 당사자인 키드를 제거하는

게 가장 확실한 방법처럼 보였다. 그런데 키드는 순진하게도 뉴욕의 벨로몬트 총독에게 오해를 풀어달라 요청했고, 총독은 이를 외면한 채 오히려 키드를 체포해서 영국으로 보냈다. 이때까지도 키드는 자신이 풀려날 것이라 생각했으나, 키드의 석방이 달갑지 않은 후원자들에게 끝내 버림을 받고 말았으니 가장 불운한 해적이라 평가할 만하다.

가장 무서웠던
여자 해적

가장 무서운 여자 해적으로 평가 받는 이는 앤 보니와 메리 리드이다. 앤 보니(Anne Bonny, 1698?~1782?년)는 아일랜드 사람으로 카리브해 일대에서 활동했다. 앤은 젊어서 북아메리카로 이주해 개척민 생활을 하던 중 제임스 보니와 결혼한 후 바하마로 건너가 그 지역 해적을 대상으로 하는 음식점을 운영했다. 그러다가 존 래컴이라는 해적을 만나면서 첫 번째 남편인 제임스 보니와 이혼하고 본격적으로 해적 활동을 시작

앤 보니

한다. 래컴 해적단에는 역사상 기록에 남은 앤 보니와 메리 리드가 포함되어 있었다. 래컴 해적단은 슬루프함(sloop艦; 범선의 일종으로 하나의 마스트에 세로돛을 가진 소형 배) 리벤지호를 탈취하여 해적질을 했다.

메리 리드(Mary Read, 1695?~1721년)는 앤 보니와 함께 해적의 황금시대 절정기인 18세기 전반에 활동한 영국계 출신의 여자 해적이다. 메리는 아버지가 바다로 나가서 돌아오지 않은 젊은 과부의 사생아로 태어났다. 메리의 오빠인 마크가 어려서 죽었는데, 메리의 엄마는 할머니에게 재정적 도움을

메리 리드

받기 위해 메리를 남장시켜 마크로 속여 키웠다고 한다. 메리는 남장한 채로 살면서 영국 육군 사관생도로 입대하였고, 군 생활 중 동료와 결혼해 군대를 떠났다. 하지만 얼마 안 되어 남편이 죽자 다시 남장을 하고 군대 보병으로 근무했다. 군대에서 진급이 어려웠던 메리는 성공을 위해 카리브해로 가는 상선에 탔다가 해적에 나포되어 강제로 해적이 되었다. 이후 그녀는 많은 모험을 겪었고, 1720년 존 래컴 해적단에 들어가 앤 보니를 만났다.

1720년 10월, 영국 국왕의 포고령을 무시하고 자메이카 연해에서 해적질을 하던 래컴 해적단은 해적을 소탕하러 자메이카 총독이 파견한 해적 사냥꾼 조나단 바넷에게 체포되었다. 남성 선원들은 모두 교수형을 당했지만, 리드와 보니는 임신 중이라 사형이 유예되었다. 자메이카 감옥에 갇혀 있던 메리 리드는 1721년 4월에 출산 후유증으로 추측되는 열병으로 사망했다는 기록이 있으나, 앤 보니가 어떻게 되었는지에 대한 정확한 기록은 남아 있지 않다.

알비다(Alwida)는 발트해를 무대로 활동한 해적으로 역사상 가장 오래된 시기에 유명해진 여자 해적으로 알려져 있다. 6세기경에 활동했다는 알비다는 스칸디나비아 왕녀로,

아버지인 왕이 덴마크의 알프(Alf) 황태자와 결혼시키려고 했으나 이를 거절했다. 아버지 땅에 머물 수 없었던 알비다는 친구들과 함께 뱃사람 복장을 하고 발트해로 도망쳤다.

알비다는 항해 중에, 우연히 최근에 선장을 잃은 해적선과 조우했다. 알비다 일행은 용감하게 며칠 동안이나 해적들을 뒤쫓았고, 해적들은 마침내 알비다를 차기 선장으로 인정했다. 이들은 스칸디나비아에서 유명한 해적이 되었는데, 덴마크 왕은 해적 퇴치를 위해 알프 황태자를 보낸다. 알프 황태자의 군대는 해적선에 올라 유리하게 전황을 이끌었고, 왕자의 용감함이 마음에 들었던 알비다는 싸움을 멈추고 정체를 밝힌 뒤 알프와 결혼할 것을 결의했다고 한다. 〈원피스〉의 여성 해적 선상 알비다(Alvida)는 이 인물을 참고한 것이다.

서양에 앤 보니와 메리 리드가 있었다면 동양에서는 중국 광둥성 출신의 정일수(鄭一嫂, Madame Ching, 1775~1844년)가 대표적인 여자 해적이었다. 정일수는 정일이라는 해적의 부인으로 1807년부터 1810년까지 3년 동안 5만 명 이상의 부하와 1000척 이상의 해적선단을 거느렸으며, 남중국해 거의 전역을 지배했다. 정일수는 해적 활동을 하는 동안 한 번도 패한 적이 없다고 하는데 1810년에 영국, 포르투갈, 중국 등이 연

정일수

합함대를 구성할 정도로 위협적인 존재였다고 한다. 그런데
연합함대에 참여한 중국 황제가 연합함대와 해적 간에 무력
충돌이 일어난다면 엄청난 인명 피해가 발생할 것을 염려해
그녀에게 조건[01]을 제시하고 사면을 제안했다. 정일수가 현
명했던 점은 다른 해적들과 달리 멈춰야 할 때를 알고 황제
의 사면 제의에 응했다는 점이다. 황제는 정일수가 약탈한
보물을 합법적으로 취득할 수 있게 했으며, 정일수는 마카오
에서 편안하게 여생을 보냈다.

01 사면 조건은 배와 무기를 해군에 양도할 것, 항복한 해적들 중 원하는 사람은 해군에
　편입하게 하고 장보자(정일의 의붓아들)에게 대위 계급을 주어 정크선 20척의 해적선단
　을 유지할 수 있도록 한다는 것이었다.

5장

현대 해적과
국제 대응

현대 해적

현대에도 해적이 출몰하는 이유는?

'해적'이라고 할 때, 우리가 상상하는 모습은 주로 역사 속의 존재들이다. 선박 기술이 발전하고, 더 이상 지리상의 발견도 할 것이 없는 시대에는 해적이 있을 것 같지 않다. 하지만 우리는 종종 뉴스에서 해적과 관련한 사건 이야기를 접한다. 무선통신 등 해적 대응을 위한 안전장치를 장착한 선박이 항해하는 현대의 바다에도 해적이 존재하는 것이다. 해적이 출몰하는 이유는 과거나 지금이나 크게 다르지 않다. 여러 가지 이유로 생계가 어렵고, 국가의 통제권이 약한 나라의 사람들이 해적이 된다.

현대의 가장 대표적인 해적은 소말리아 출신들이다. 이들

현대 해적. 아덴만−바레인에 본부를 둔 해병연합(CTF) 산하
특수부대가 해적들에게 접근하고 있다.

의 수입은 수천 달러에서 수백만 달러라고 한다. 소말리아의
1인당 국민소득이 600달러라는 것을 생각해보면, 이들이 쉽
게 해적이 되는 이유를 짐작할 수 있다. 소말리아는 자신의
나라에서 해적들이 창궐하게 된 것은 내전으로 무정부 상태
가 된 소말리아 해역에 선진국과 중국 등 신흥국들이 불법으
로 원양어선 조업을 하기 때문이라고 주장한다. 이 불법 원
양어선들을 몰아내고 응징하기 위해 해적 활동을 시작했다

는 것이다. 사실 우리나라도 이러한 불법 어업에서 자유로울 수 없다. 우리나라는 한동안 소말리아를 포함한 아프리카 영해에서 불법 어업을 벌여 2013년 11월에 EU로부터 예비 불법 어업국으로 지정된 적이 있다. 이는 2015년 4월에 해제되었지만, 부끄럽고 아픈 기록이라 할 수 있다.

가장 많이 출몰하는 곳은?

오늘날은 어느 바다에서 해적이 가장 많이 출몰할까? 동아프리카(소말리아), 서아프리카, 아시아에서 주로 해적 활동이 일어난다. 바다 쪽으로 보면 말레이반도와 수마트라섬 사이의 말라카('믈라카'의 옛 이름)해협, 남중국해 일대와 소말리아 부근 해역 등이다.

　우리나라에서 조사한 보고서에 따르면 2020년에 소말리아 남쪽의 모잠비크에서 3건의 해적 사건이 발생했다. 서아프리카 해역에서는 전 세계에서 일어난 98건의 해적 공격 중 35.7퍼센트인 35건이 발생했는데, 납치 피해를 입은 54명의 선원 가운데 90.7퍼센트인 49명에 대한 피해가 이 해역에서 발생했다. 아시아 해역에서 일어난 해적 사건은 42건으로 싱가포르해협 및 인도네시아 인근 해역에서 많이 발생하고 있

현대 해적의 주요 출몰 지역

(해양수산부, 「2020 통합 해적피해예방·대응 지침서」)

구분			2016년	2017년	2018년	2019년	2020년
전 세계	연간	해적 공격	191	180	201	161	-
		선박 피랍	7	6	6	4	-
		선원 납치	62	75	83	134	-
	상반기	해적 공격	98	87	107	78	98
		선박 피랍	3	2	4	0	0
		선원 납치	44	41	25	37	54
동아프리카 (소말리아)	상반기	해적 공격	3 (1)	9 (7)	2 (2)	1 (0)	3 (0)
서아프리카			31	20	46	36	35
아시아			54	43	43	22	42
기타			10	15	16	19	18

표 전 세계 해적 피해 발생 현황(2016~2020년, 상반기)

다. 아메리카 해역에서의 해적 사건은 17건으로 주로 묘박지 (배가 안전하게 머물 수 있는 해안 지역)에서 일어나고 있다.

피해 종류와 규모는?

오늘날 해적의 공격으로 인한 피해는 크게 인적, 물적, 경제적 피해로 나눌 수 있다. 인명 피해로는 매년 평균 200여 명에 이르고 있으며, 2020년 상반기에는 전년(83명)의 112퍼센트인 93명이 피해를 당했다. 특히 선원 납치 피해자는 54명으로 전년의 37명과 비교하면 45.9퍼센트나 증가했는데, 서아프리카와 말레이시아 인근(술루-셀레베스) 해역에서 집중적

해적의 선원 납치.
소말리아 해적에게 납치된
피해자의 가족이 사진을
들고 피해자의 귀환을 위한
항의 시위를 하고 있다.

으로 발생했다.

주로 최대 속력이 15노트 이하이면서 건현(배에 짐을 가득 실었을 때 수면에서 상갑판 위까지의 수직 거리)이 8미터 미만인 취약 선박들이 공격 표적이고, 케미컬·화학제품 운반선(26척), 산적화물선(21척), 일반화물선(17척) 순으로 피해가 발생했다. 어선의 경우는 전체 해적 피해의 5퍼센트에 불과하나, 모든 사건에서 선원 납치 또는 선박 피랍에 의한 인명 피해가 있었다. 해적들이 사용한 무기는 총, 칼 등 총기류 무기가 대다수였다.

(단위: 명)

구분		2016년	2017년	2018년	2019년	2020년
연간 합계		236	191	241	210	-
상반기	계	118	113	136	83	93
	사망	0	2	0	1	0
	부상	4	3	3	2	6
	인질	64	63	102	38	23
	납치	44	41	25	37	54
	기타 (폭행 위협)	6	4	6	5	10

표 연도별 상반기 선원 피해 현황(2016~2020년)

경제적 피해로는 선원들의 몸값, 선박·화물 피해, 해적 출몰 지역의 우회에 따른 화물운송 지연과 추가 비용, 위험 증가에 따른 선박 보험료 상승 등이고, 이들을 구출하기 위한 군사적 비용도 포함된다. 항로 우회에 따른 비용의 증가는 예를 들어 인도양에서 지중해로 향하는 10만TEU(twenty-foot equivalent unit, 20피트(6.096m) 길이의 컨테이너 크기를 부르는 단위) 컨테이너 선박이 아덴만 대신 희망봉으로 우회할 경우, 항해 거리 증가로 인해 약 79만 달러의 비용이 추가로 발생

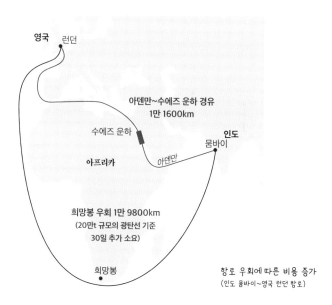

항로 우회에 따른 비용 증가
(인도 뭄바이~영국 런던 항로)

한다고 한다.

국제사회가 지금까지 소말리아 해적들에게 지불한 몸값만 3억 달러에 달하는데, 보이지 않는 경제적 피해는 이보다 훨씬 큰 70억~120억 달러에 이른다는 2012년 2월 발표된 유엔 보고서가 있다. 특히 과거에는 화물 강탈을 목적으로 선원을 납치해 인질로 삼았으나, 최근에는 선원 납치 후 석방금을 요구하는 추세다.

해적에 납치되어 풀려난 경우로는 다음과 같다. 2009년 5월 그리스 국적 화물선 AQ 아르테미스호를 납치해 200만 달러를 받아 챙긴 사건, 2008년 11월 소말리아 바다에서 납치되어 100만 달러가 넘는 돈을 주고 풀려난 덴마크 국적 화물선 CFC 퓨처호 사건, 2010년 사우디아라비아 국적 유조 화물선 시리우스스타호를 납치하여 300만 달러를 받은 사건이 있다.

해적들이 군함을 화물선으로 오인하여 공격했다가 잡힌 일도 있다. 2009년 3월 29일, 소말리아 해적이 독일 연방 해군의 유류 보급함 FGS 스페사르트호를 민간 화물선으로 착각해 공격하다가 그리스, 네덜란드, 스페인, 미국 등의 해군 전투함과 스페인 해병대 항공기 및 미 해병대 코브라 전투

헬기까지 합류한 대규모 함대에 쫓기게 되었고, 결국 그리스 해군 호위함 HS 프사라호에 나포되었다. 또 2009년에는 해적들이 프랑스 해군 군함을 직접 공격했다가 역공으로 모두 사로잡힌 일이 있었다. 프랑스 해군은 소말리아 해안 460킬로미터 해상에서 군함 라솜호가 소형 보트 2척에 나눠 탄 해적들의 공격을 받았으나, 1시간가량 해상 추격 끝에 해적 5명을 모두 생포했다.

소말리아 해적이 건드리지 않는 국가들도 있다. 모두 5개 국가로 첫 번째 국가는 러시아다. 러시아는 해적들에게 강경한 대응을 취하는 국가로 정평이 나 있다. 왜냐하면 소말리아 해적이 소말리아 영해를 지나는 러시아 선박과 국민을 납치했을 때 러시아 정부는 특수부대인 스페츠나즈(Spetsnaz)를 파견해 해적을 소탕했다. 두 번째 국가는 대한민국이다. 대한민국의 청해부대는 소말리아 해적들이 삼호 주얼리호를 납치했을 때 소말리아 해적들을 완전히 소탕했다. 세 번째 국가는 영국이다. 영국의 SAS(Special Air Service)는 전 세계 특수부대 순위 1위에 오를 정도로 무서운 부대다. 네 번째 국가는 미국이다. 미국은 소말리아 해역에 가장 많은 군함을 파견한 국가로 세계적인 특수부대 네이비 실(Navy Seal)을 보유하고 있다. 다섯 번째 국가는 이스라엘이다. 이스라엘의 사이렛 매트칼(Sayeret Matkal)은 영국 특수부대 SAS를 벤치마 킹한 특수부대로, 미국 특수전사령부도 인정할 정도로 뛰어 난 작전 수행 능력을 가지고 있다.

해적의 처리

해적질을 하다가 군함이나 해경에 붙잡힌 해적들은 어떻게 될까? 여러 국가들이 나포된 해적을 처리하는 데 골머리를 앓고 있다. 원래는 잡힌 해적들을 자국으로 데려가서 재판에 넘기는 게 보통이지만, 러시아에서는 법적 근거가 미약하다 고 판단하고는 모두 석방했다. 그런데 이 과정에서 석연찮은 점이 문제로 지적되었다. 항법장치도 없는 고무보트를 이용 해 소말리아에서 560킬로미터 떨어진 해역으로 가서 풀어주 었기 때문이다. 그곳에는 백상아리 떼가 서식하고 있었는데, 1시간쯤 지난 뒤 고무보트의 라디오 비컨[01] 신호가 끊겼다 고 한다. 국제사회에서는 이에 대해 포로를 풀어준 것인지,

---

01 비컨(Beacon)이란 위치 정보를 전달하기 위해 어떤 신호를 주기적으로 전송하는 기기 를 말한다.

아니면 포로를 처형한 뒤에 이를 모면하기 위해 거짓말을 한 것인지 논란이 벌어지기도 했다.

해적 비즈니스로 진화

현대 해적의 대명사처럼 된 소말리아 해적은 처음에는 해적 활동이 먹고살기 위한 수단이었으나, 현재는 많은 사람들이 역할 분담을 하는 '해적 비즈니스'로 발전하였다. 이러한 비즈니스는 업무별로 나뉘는데, 나포할 선박을 알려주는 정보제공조, 무기나 스피드 보트를 제공하는 지원조, 실제 총을 들고 실행하는 공격조, 몸값 협상에 나서는 협상조 등이 있다. 더욱 놀라운 점은 항구를 관리하는 공무원도 '검은돈'으로 결탁되어 있다는 것이다.

해적들은 인질 협상이 끝나 몸값을 받아내면 각자 역할에 따라 돈을 분배한다. 많은 사람이 관여할수록 한 사람이 받는 몫이 줄어들기 때문에 해적들은 각 그룹이 받는 몫을 늘리기 위해 몸값 협상을 오래 끌면서 가격을 점점 올린다. 일각에서는 소말리아 해적의 활동을 하나의 산업으로 보기도 한다.

해적 비즈니스에는 다른 사업거리도 있다. 해적들이 납치한 화물선에 인질이 많으면 인질에게 식량이나 생필품이 필요해진다. 그런데 이때 생필품을 독점 계약하는 민간인이 있다는 것이다. 해적에 대한 생필품의 제공은 불법인 데다 위험도 크게 따르는 일이어서 그 가격이 몇 배에서 수십 배까지 비싸다고 한다. 이런 점들을 보면 소말리아에서 해적 사업의 영향력은 매우 크다고 할 수 있다.

우리나라의 해적 피해와
방지 노력

우리나라의 해적 피해 사례

우리나라에서 해적 피해와 관련해 잘 알려진 사례는 아무래도 '아덴만 여명 작전'이 아닐까 한다. 바로 2011년 1월 21일,

아덴만 작전을 수행한 청해부대 소속의 최영함

소말리아 해적에 납치된 삼호 주얼리호 선원을 구출하기 위해 대한민국 해군 청해부대가 해적을 진압한 사건이다. 삼호 주얼리호는 우리나라 삼호해운이 소유한 배였으나, 선적은 몰타에 등록되었다는 것이 특별한 점이다. 삼호 주얼리호뿐 아니라 피해 선박의 소유는 우리나라일지라도 선적국은 탄자니아, 마셜군도, 케냐, 몰타와 같이 모두 외국에 두는 편의치적02이 문제라 할 수 있다.

다음으로 2011년 4월 30일, 싱가포르 국적 선박 제미니호가 소말리아 해적에 의해 케냐에 피랍된 사건이 있었다. 제미니호에는 우리나라 국적 선원 4명과 외국 국적 선원 21명이 타고 있었다. 이 사건은 삼호 주얼리호 구출 작전 과정에서 사망한 해적 8명의 몸값을 내고 우리 측에 생포된 해적 5명을 석방하라고 요구한, 어쩌면 소말리아 해적들의 보복에서 비롯된 사건이었다. 싱가포르 국적 선사(船社) '글로리 십'이 해적과 협상에 나서 그해 11월 30일, 협상금을 주고 배와

---

02 편의치적(便宜置籍)이란 선주가 소유한 선박을 자국에 등록하지 않고 세금이 싼 제3국에 등록하는 것을 말한다. 편의치적을 하는 이유는 선박에 부과되는 재산세와 소득세를 줄이고 운항 규제를 덜 받기 위해서이다. 파나마, 라이베리아, 온두라스, 바하마등이 편의치적국 대상이 되고 있다.

선원을 돌려받았으나 해적들은 우리나라 선원들만 풀어주지 않았다. 그러다가 해적과 싱가포르 선사 간의 합의에 따라 피랍 582일 만에 풀려났다.

제미니호 사건은 우리에게 몇 가지 문제를 제기했다. 첫 번째는 해적 소탕을 위해 파견한 청해부대가 우리 국민의 생명과 재산을 지킬 수 있는가 하는 점이다. 청해부대 함정 한 척으로는 우리나라 선박을 모두 보호할 수 없으니 파견 함정 규모를 좀 더 늘려야 한다는 것이다. 두 번째는 우리나라 정부는 해적 등 범죄 집단과 협상하지 않는다는 '불개입 원칙'을 고수하고 있는데, 이것이 국민의 생명과 바꿀 정도로 중요한가 하는 점이다. 제미니호 선박 피랍 500일이 지나면서 석해균 '삼호 주얼리호' 선장은 제미니호 사태를 정부가 나서서 해결해야 한다고 주장했다.

해군의 전투력이 일시적으로 해적 활동을 억제할 수는 있 겠지만 해적을 퇴치하는 해결책은 될 수 없다. 따라서 해적을 물리쳐 없애기 위해서는 해적이 주로 발생하는 국가에 외국 군대를 개입시키기보다는 정치의 안정화와 함께 경제적인 자립이 가능하도록 지원해야 할 것이다.

우리나라의 해적 피해 방지 노력 (입법·행정·사법을 중심으로)

2006년부터 2020년 9월까지 해적에 의한 우리나라의 피해 사례는 다음과 같다.

우리나라 국적의 선박은 3척이 피랍되었고, 우리나라 국적의 선원들이 탄 외국 국적의 선박 피랍은 14척이나 되었다. 이 같은 문제를 해결하고자 우리나라 정부는 해적 피해 예방과 대응을 위한 법률 제정, 해적 피해 예방 및 대응을 위한 지침 마련, 우리나라 국민이 피해를 입은 해적 사건에 대한 재판관할권[03]을 행사하는 등 많은 노력을 기울이고 있다.

첫 번째로 해적 피해를 사전에 예방하고 대응하기 위해 법률을 제정·시행하고 있다. 2017년 12월 28일, '국제항해선박 등에 대한 해적행위 피해예방에 관한 법률'(해적피해예방법) 시행을 통해 해적으로부터 발생할 수 있는 위험과 피해를 예방하고 최소화하기 위한 방안을 마련하고 있다. '해적피해예방법'은 국가는 해적행위 피해예방 종합 대책과 해적행위 피해

---

03 재판관할권이란 어떤 경우에 1국의 재판소가 섭외적(涉外的) 사법 사건을 재판할 것인가 하는 개념으로 그 결정은 국제사법(國際私法)의 문제이다. 예를 들어 한국인이 외국에서 해적에게 피해를 당했을 때 섭외적 사법 사건이 되고, 이 사건을 어느 나라가 재판할 수 있는가 하는 것이다.

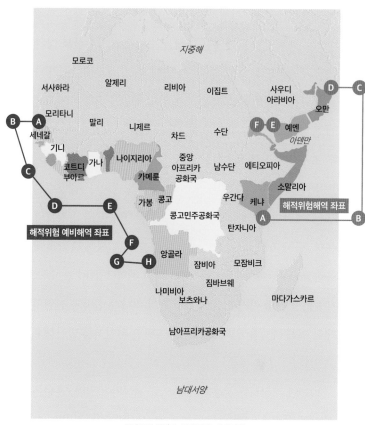

해적 위험해역과 해적 위험 예비해역

예방 요령을 수립·시행하여야 하고, 선박 소유자 등은 자체적으로 해적행위 피해예방 대책을 수립해 해양수산부 장관에게 제출하도록 하고 있다. 이 법에 따라 '해적위험해역'과 '해적위험 예비해역'을 지정하고, 위험 해역을 지나는 선박에게 통항(通航) 보고, 비상 훈련 실시, 선원 대피처 설치 등 의무 조치를 하도록 유도하고 있다.

두 번째는 해적 피해에 대한 행정적 노력이다. 해양수산부는 '해적피해예방·대응 지침서'를 발간하고 해적 정보망 운영, 군사 파견, 민관군 합동훈련 등을 통해 해적 피해에 대응하고 있다. 해양수산부는 해적 위험 해역(소말리아 및 서아프리카)뿐 아니라 아시아 지역 등에서 우리나라 선박과 선원의 해적 피해 예방을 위해 2014년부터 관련 지침서를 발간해오고 있다.

2020년 지침서는 본문과 부록으로 구성되어 있다. 본문은 전 세계 해적 사고의 발생 동향과 분석, 국내외 해적 피해 예방 및 대응 동향, 우리나라 해적 피해 예방 및 대응 요령, 국제 해적 피해 예방 및 대응 요령 등을 설명한다. 부록은 7가지를 설명하였는데, 중요한 내용으로는 해양안전종합정보시스템(GICOMS) 통항 보고 이용 매뉴얼, 해적 피해 예방 대

해양안전종합정보시스템(GICOMS) 누리집

응 조치 이행 점검표, 국외 해적 위험 해역 통항 보고 양식, 해군의 작전 수행과 해상특수경비원 승선 시 협조 사항, 통항 계획 수립 시 주의 사항 등을 다루고 있다.

또한 전 세계 해적 동향, 해적 공격 사례, 해적 사고 발생 지점 등의 정보를 제공하는 해적정보망(www.gicoms.go.kr)을 운영하고 있으며, 소말리아 인근 해역, 서아프리카 기니만 인근 해역, 동남아시아 해역 운항 선박에 대한 위험 해역별 통항 지침 이행을 지시하고 있다. 그리고 소말리아 해적으로부터의 피해를 막기 위해 아덴만(홍해 입구) 해역에 청해부대를 지속적으로 파견하는 한편, 청해부대 현지 파견 이전에 선박 피랍 상황을 가정한 민관군 합동 해적 대응 및 구출 훈련 실시(연 2~3회), 선박의 위치를 파악할 수 있는 '선박모니터링시스템'을 갖추고 24시간 우리 선박에 대한 감시 활동을 벌이고 있다. 그 밖에도 해적 퇴치를 위한 아시아지역해적퇴치협정(ReCAAP), 국제해사기구(IMO) 등과의 국제 협력 강화와 함께 해적 피해 예방 지침 교육·훈련, 해상특수경비원 승선과 같은 선사 자체 해적 대응 역량 강화를 지원하고 있다.

세 번째는 우리나라가 해적을 나포하여 우리나라 재판소에 재판 받도록 하는 사법적 노력이다. 우리나라의 재판관할권 행사는 2011년 1월 21일 해군 청해부대가 군사작전을 통해 소말리아 해적을 진압하고, 이를 우리나라 사법부에서 재판할 수 있도록 해적들을 기소하면서 발생했다.

우선 소말리아 해적의 국적이 우리나라가 아니어서 함부로 처리할 수 없다. 국제법상으로 이들을 체포, 구금, 압송할 권리가 있는지 알아봐야 하고, 만일 관할권을 행사하더라도 국내의 어떠한 법적 근거와 절차를 통해 이들을 기소, 재판, 처벌할 수 있는지에 대한 문제가 발생한다. 그렇다면 실제로는 어떻게 처리되었을까?

해적에 대한 처벌 법규와 관련해 삼호 주얼리호에 탑승한 대한민국 국적 선원에게 행해진 해적 행위에 대해서는 우리 형법 제340조[04]상 해상강도죄를 적용하여 처벌할 수 있다고 판단했다. 그러나 같은 선박에 타고 있던 다른 나라 국적의 선원들에게 행해진 해적 행위에 대해서는 우리의 형법 조항이 적용되기 힘든 상황이었다. 우리 형법은 이와 같은 원래 의미의 보편적 관할권[05] 행사를 정해 두고 있지 않았기 때문에 같은 해적 사건에 대해 우리 국민에게 한 행위만 처벌이 가능하다는 부분 처벌의 문제가 대두된 것이다. 이러한 문제를 궁극적으로 해결하기 위해서는 형법의 관할권 원칙의 하나로 보편주의를 확인하여 명문화하되, 이에 맞추어 형법 각칙이나 형사특별법 관련 규정을 정비해야 한다는 목소리가 있다.

---

04 형법 제340조(해상강도) ① 다중의 위력으로 해상에서 선박을 강취하거나 선박 내에 침입하여 타인의 재물을 강취한 자는 무기 또는 7년 이상의 징역에 처한다. ② 제1항의 죄를 범한 자 사람을 상해하거나 상해에 이르게 한 때에는 무기 또는 10년 이상의 징역에 처한다. ③ 제1항의 죄를 범한 자 사람을 살해 또는 사망에 이르게 하거나 강간한 때에는 사형 또는 무기징역에 처한다.

05 보편적 관할권(universal jurisdiction)은 범죄 발생 장소, 범죄자 또는 희생자의 국적에 관계없이 범죄 행위의 성격만을 근거로 어느 국가든지 행사하는 형사 관할권을 말한다. 관습국제법상 보편적 관할권이 적용되는 범죄는 해적 행위, 노예매매 및 아동·부녀자의 매매나 항공기의 불법 납치, 테러, 집단살해 등이 있다.

해적 피해 방지를 위한
국제공조

특정 해역에서 기승하는 해적들에게 대응하기 위해 각 국가들은 국제공조체제를 강화하고 있다. 국제공조체제는 주로 국제해사기구(IMO), 유엔 안보리, 소말리아해적퇴치연락그룹(CGPCS), 아시아지역해적퇴치협정(ReCAAP) 등 해적 관련 국제기구를 중심으로 결의 또는 권고 사항을 내면서 해적 피해를 예방하려는 것이다.

유엔 안보리는 소말리아 해적 퇴치를 위해 여러 가지를 의결하였다. 우선 2008년 6월 해적이 가장 많이 출몰하는 소말리아 영해에 외국 정부가 6개월간 한시적으로 진입하는 것을 승인했고, 2008년 10월에는 소말리아 인근 해역에 회원국의 군함·항공기 파견을 요청했다. 이후 기간을 연장하고,

소말리아 해적 퇴치를 위한 국제공조조치를 강화하는 요지의 결의를 채택하였다.

유엔이 소말리아 해적 퇴치를 위해 만든 국제공조기구는 '소말리아해적퇴치연락그룹(Contact Group on Piracy Off the Coast of Somalia, 이하 CGPCS)'인데, 이 기구에서는 단독 웹사이트(www.thecgpcs.org)를 만들어 각국 정부 및 선사와 수시로 해적 퇴치와 관련한 정보를 공유하고 효과적인 퇴치 방법에 관한 의견 교환의 장을 만들었다. 이러한 노력 외에도 각국

태평양에서 해적 퇴치 훈련 중인 특수부대

정부에서는 군함을 보내 사전 예방 활동을 하기도 한다. 우리나라도 유엔의 해적 퇴치 활동을 위해 2009년 3월 청해부대를 파견했다. 4500톤급 구축함인 왕건함은 대공·대함 미사일과 링스 헬기 등으로 완전 무장을 하고 있다. 왕건함은 2011년 여명 작전으로 소말리아 해적에게 피랍된 삼호 주얼리호와 선원 전원을 구출하였다. 하지만 단 한 척의 군함만을 파견해 그 수가 적다는 평가가 있다. 소말리아 해역을 이용하는 화물의 30퍼센트는 한국 것이기 때문이다.

그리고 말라카('믈라카'의 옛 이름)해협이 국제적으로 해적의 주 활동 무대로 떠오르면서 우리나라, 중국, 일본, 아세안 8개국 등 총 20개국은 아시아 지역에서의 해적 행위를 막기 위해 2001년 11월 아시아지역해적퇴치협정(ReCAAP)을 채택하였다. 이 협정에 따라 회원국 간 해적 정보 공유를 위해 싱가포르에 사무국을 설치하는 등 국제공조체제를 구축하고 있다.

6장

내가 탄 배가
해적을 만난다면?

해적 피해를 예방하기 위한
행동 수칙 6가지!

우리도 바다에서 해적을 만날 수 있을까? 알아본 바대로 해적은 옛날이야기에서만 존재하는 것이 아니고, 지금도 위험한 해역에서는 호시탐탐 약탈할 배를 노리고 있는 것이 사실이다. 그렇다면 내가 탄 배가 해적을 만났다면 어떻게 해야 할까?

해적에 대한 대응 방법으로는 여러 가지가 있다. 영국은 지름이 약 1미터가량 되는 해적 퇴치용 녹색 레이저포를 개발했는데, 레이저포가 명중하면 일시적인 시력 상실과 함께 현기 증상을 느끼게 하며, 선박의 위치를 알 수 없게 만들어 해적들의 공격을 차단한다. 단순하면서도 효과가 매우 좋은 방법도 있다. 해적들이 나타나면 구조 요청을 한 다음 엔진

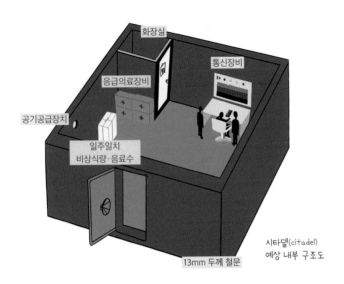

화장실

통신장비

응급의료장비

공기공급장치

일주일치
비상식량·음료수

시타델(citadel)
예상 내부 구조도

13mm 두께 철문

을 꺼버리고 패닉 룸(시타델; 범죄자의 침입이나 비상사태에 대비해 은
밀한 곳에 만든 방)으로 들어가는 것이다. 하지만 구조가 늦어
져 패닉 룸에 들어간 선원들이 납치된 사례도 있으므로 가장
중요한 것은 신속한 구조체계를 갖추는 것이라 하겠다.

해적 피해를 예방하고 대응하기 위해 국제사회에서는 '회
사와 선장 및 선원들을 위한 글로벌 해적대응지침(GCPG)'을
만들었다. 이 지침에서는 해적과 무장 강도의 공격을 피하기
위한 필수사항을 6가지로 정리하였다.

첫째, 항해 전 적절한 선박자율방어조치(Ship Protection
Measures, SPM)를 식별하기 위해 선박의 특성을 고려한 위협
및 위험성 평가를 철저히 실시한다.

둘째, 항해 전 위험성 평가에서 식별된 SPM을 실행한다. 선박과 선박 회사는 본지침의 요건보다 더 새롭고 혁신적인 SPM을 항상 고려하고, 위험을 줄이기 위한 수단으로 추가 장비 또는 인력을 제공할 수 있다.

셋째, 선박은 고위험해역(High Risk Area, HRA)과 자발적보고해역(Voluntary Reporting Area, VRA)에서 요구되는 통항 등록을 실시해야 한다.

넷째, 선박이 HRA 또는 VRA에서 운항 중일 때는 지정된 보고 양식에 따른 위치 보고(이메일 또는 전화 이용)가 강력히 권장된다(특히 취약한 선박에 대해 주목하고 감시할 것).

다섯째, 적절한 경계와 견시[01]는 선박 보호의 가장 효과적인 방법으로서 의심스러운 접근이나 공격을 소기에 식별하고 방어 수단을 배치할 수 있으며, 공격자들을 효과적으로 억제할 수 있다.

여섯째, 공격자들이 승선하지 못하면 납치도 할 수 없음을 기억한다.

~~~~~~⚓

01 견시(見視)는 사전적으로는 자세히 살펴본다는 뜻으로 선박 외부에서 망원경 등을 사용해 사방을 관측하는 것을 말한다.

우리나라 해양수산부에서도 무역회사의 선장과 선원들에게 다음과 같이 해적 피해를 막기 위해 준수해야 할 여섯 가지 원칙을 알려주고 있다.

1	(선박이) 혼자가 되지 않도록 한다	• 관련 보고 센터에 보고하고, 통항 등록 사전 실시 • 해적 대응 임무를 수행하는 군대 또는 지원 조직(서비스)과 협력 • AIS를 켜두는 것을 권장
2	(해적에게) 발견되지 않도록 한다	• 항행경보(NAVWARNS)를 지속적으로 확인하고, 해적 활동 해역 정보를 제공하는 웹사이트 이용 • 위험 해역에서의 적절한 등화 사용과 조명 사용(최소화) 고려
3	(갑작스런 등장에) 놀라지 않도록 한다	• 경계 강화-철저한 견시(見視), CCTV 및 레이더 이용
4	(해적 공격에) 취약하지 않도록 한다	• 가시적(방어적)이고 물리적(예방적)인 선박 보호 조치를 취할 것 • 철조망, 해수/거품 분사 등이 포함될 수 있음 • 선교 팀에 추가적인 개인보호장비를 제공
5	(공격자들이) 승선하지 못하도록 한다	• 선박의 속력을 최대로 증속 • 선속의 감소가 발생하지 않는 수준의 회피 조선(操船)
6	(선박을) 통제하지 못하도록 한다	• 잘 준비된 절차와 훈련을 따를 것 • 선원 대피처의 이용(선장/회사의 사전 협의와 완벽한 준비 및 훈련이 완료된 상태에서만 이용, 해군/군대의 대응은 보장되지 않음) • 도구, 장비 및 접근 경로의 사용을 못 하게 함

해적 피해를 막기 위해 지켜야 할 6가지 원칙(해양수산부)

해적 피해 방지 대책 (해양수산부)

철조망(RAZOR WIRE)
1회 약 600만 원 소요

소화 호스를 이용한 살수장치
기존 선박 설비 이용

지향성 음파 송신기
약 6000만 원

HOT WATER SPRAY(케미칼선)
기존 선박 설비 이용

최근 개발된 물대포(WATER CANNON SYSTEM)
1기당 2000만 원 예상(선체에 80m 간격으로 설치)

해적에게
무엇을 배울 것인가?

남의 물건을 약탈하는 해적에게 뭔가를 배운다는 것이 이상하게 느껴질 수도 있다. 지금까지 해적을 통해 엿볼 수 있었던 해적 정신은 모험심, 자유와 평등 정신이라고 할 수 있다. 해적들의 모험을 두려워하지 않는 마음과 포기하지 않는 정신은 신대륙과 새로운 항로의 개척에 자양분이 되었으며, 자유와 평등 정신은 오늘날 민주주의의 기본 이념과도 맞닿아 있다.

영국의 정치인이자 해양 탐험가 월터 롤리 경(Sir Walter Raleigh, 1554?~1618년)은 "바다를 차지하는 자, 무역을 장악한다"고 했다. 세계의 무역을 장악하는 자가 세계의 부를 차지할 것이며, 결과적으로 세계 그 자체를 지배할 것이라는 말이다. 조그만 섬나라인 영국이 전 세계의 1/4을 식민지로 만들었던 대영제국의 전성기는 엘리자베스 1세와 해적이 만든 것이라는 주장이 있다. 엘리자베스 1세는 드레이크 등 해적들을 지원하여 스페인의 강력한 해군력을 견제하고자 했고, 드레이크는 뛰어난 능력으로 자신의 조국인 영국에 바다의 주도권을 선물하였다는 것이다.

그렇다면 드레이크에게도 배울 점이 있을까? 사략선업자이자 해적이었던 프랜시스 드레이크는 그 나름대로 성공을 위한 전략이 있었다. 우선 드레이크는 위험을 겁내지 않았다. 그는 마젤란해협을 통해 남미로 가는 계획을 세웠으나 항해 중 폭풍우를 만나 마젤란해협에서 남쪽으로 항해를 해야 했다. 그가 개척한 해협은 지금도 드레이크해협이라 불

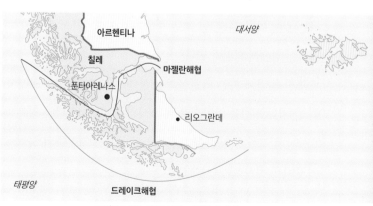

드레이크해협. 드레이크는 마젤란에 이어 대서양과 태평양을 잇는 바닷길을 발견했다.

리는데, 그는 이 해협에서 카카푸에고호 등 스페인 보물선을 약탈했다. 두 번째는 끝까지 포기하지 않았다는 것이다. 당시 이류 국가인 영국이 세계 최대 해군인 무적함대를 칼레 해전에서 이길 수 있었던 것은 해적의 포기하지 않는 정신이 바탕이 되었다고 한다.

해적의 자유와 평등 정신은 프랑스 대혁명에서도 찾을 수 있다. 이러한 자유와 평등 정신은 18세기 프랑스에서 귀족과 성직자 등 특권계층에게만 주어진 권리와 특혜 같은 불합리한 제도를 타파하고 정당한 시민의 권리를 찾으려 한 프랑스 대혁명의 정신과 부합한다.

해적들의 자유 정신은 선장의 선출이나 약탈 대상 선정 등에서 나타났다. 특히 선장 선출 시 내가 원하지 않은 선장이 선출되었을 때 배를 떠날 수 있는 자유는 세습적으로 대물림하는 것이 아닌 선원, 곧 시민이 원하는 지도자를 선택할 수 있다는 점에서 의미가 있다.

또한 능력에 따른 약탈물의 배분 차이를 인정하고, 구성원 간 평등 정신을 기반으로 해적 사회를 지탱하였다는 점은 오늘날 심각한 부의 불균형 문제가 발생하는 자본주의 사회에 중요한 시사점을 던진다.

해적들이 근무 중 불구가 되었거나 부상을 입었을 경우 신체의 중요 부위 별로 보험금을 지급하도록 하는 보험제도 운영은 특이하다. 보험의 역사는 기원전 수천 년부터 시작되었다고 한다. 생명보험은 중세시대에 초기 형태가 나타났는데, '비스비법(Law of Wisby)'에는 상인이 선장의 생명에 대한 보험을 제공할 의무가 있다는 내용이 담겨 있다. 내일을 기약할 수 없는 고도의 위험을 가진 해적이라는 직업(?)을 지탱하기 위해서는 근무 중에 발생하는 신체에 대한 보상이 필요했다. 다양한 생명보험이 발달한 현대에는 근대 해적들의 보험제도에 대한 가치가 크게 느껴지지 않을 수도 있지만, 당시에는 이러한 보험제도가 해적이라는 조직의 결속력을 높이는 하나의 수단이 되었음은 분명하다.

인류는 증기기관에 의한 1차 산업혁명(동력혁명), 전기의 발명으로 인한 2차 산업혁명(자동화 혁명), 전자기기와 정보통신에 의한 3차 산업혁명(디지털 혁명) 시대를 거쳐 사물인터넷, 빅데이터, 인공지능으로 대표되는 4차 산업혁명(초연결 혁명) 시대를 살고 있다. 이러한 4차 산업혁명 시대에 우리는 해적으로부터 무엇을 배울 수 있을까?

4차 산업을 이끌어가는 혁신 기술로는 인공지능, 사물인터넷, 나노기술, 바이오기술, 신소재기술 등이 있으며, 이러한 기술 영역은 벤처기업들의 경연장이 되고 있다. 벤처기업은 새로운 시장의 선구자로서 창조와 개척, 도전 정신을 필요로 하고 능력을 중시한다. 그리고 이런 점들은 나 혼자가 아닌, 조직이나 팀을 이루어 성공하고자 하는 해적 정신과 일맥상통하는 면이 있다. 모험을 두려워하지 않고, 끝까지 포기하지 않는 해적 정신이 오늘날 벤처기업의 신조가 된 셈이다.

도움 받은 자료

1. 국내외 자료

강용범(2017), "해적, 그 고단한 삶", 국립해양문화재 연구소 제26기 바다문화학교 유럽 세력의 해상팽창과 대항해시대, p. 167-163.

김문경(2012), "8-9세기 동아시아의 해상교역과 해적", 전남대학교 세계한상문화연구단 국제학술회의 2012/11, 3-11

김석균(2013), "해양의 역사는 해적의 역사 기원전 14C 소아시아 해적이 원조", 신동아, 2013년 10월 18일.

김석균(2014), 「바다와 해적」 오션&오션 주식회사

김영미(2018), "가난한 어부의 잘못된 부업, 해적, 「시사 IN」 2018년 4월 17일

김정현(2016), "18세기 초 대서양 해적 연구현황", 동북아시아문화학회 국제학술대회 발표자료집, 2016. 10, pp. 476-480.

김주식(1998), "해적의 어제와 오늘", 「해양전략」 제100호, 1998, pp. 249-272.

김주식(2012), "바이킹 해적을 통해 본 역사상 해적과 국제법상 해적의 차이", 전남대학교 세계한상문화연구단 국제학술회의, p. 181-200.

김주식(2017), "대항해시대의 바람", 국립해양문화재 연구소 제26기 바다문화학교 유럽 세력의 해상팽창과 대항해시대, p. 7-26.

박소정·박지윤(2017), "인슈어테크 혁명: 현황 점검 및 과제 고찰", 보험연구원, p. 22.

브랜다 랄프 루이스 지음/김지선 옮김(2008), 「그림과 사진으로 보는 해적의 역사」 북& 월드

성해준(2017), "고대 신라의 국내상황과 倭로의 해적 행위", 동북아시아문화학회 국제학 술대회 발표자료집, 2017. 10, pp. 88-92.

성해준(2018), "한반도에서 일본으로 건너간 신라 해적", 퇴계학논총 제32집(267-295쪽)

앵거스 컨스텀/이종인 옮김(2002), 「해적의 역사」 가람기획

오태곤(2007), "국제법상 해적 개념 규정의 신전개", 「국제법학회 논총」 제52권 제3호, pp. 149-175

이병태(1992), 「신법률용어사전」 법문출판사(서울: 1992)

이재민(2011), "해적에 대한 보편주의 관할권 행사와 국내법 규정-소말리아 해적 사건을 중심으로", 「국제법학회 논총」 제56권 제2호, 2011. pp. 141-183

정철운(2012), 석해균 선장 "소말리아 해적 사건, 정부가 나서서 구출해야", 시사인(2012년 8월 27일), 미디어 오늘.

정태성(2015), "우려되는 동남아 해적위협 동향: 소말리아보다 말라카가 문제다", 「KIMS Periscope」 제5호 2015년 7월 11일.

티에리 아프릴/최정수 옮김(2006), 「해적」 종이비행기

해양수산부(2016), 「2016 통합 해적피해예방·대응 지침서」

해양수산부(2020), 「2020 통합 해적피해예방·대응 지침서」

현암사 편(2003), 「법률용어사전」 현암사(서울, 2003)

Charles Ellms, The Pirates Own Book, (c. 1837). Found at Guttenberg books online. Retrieved September 16, 2010.

2. 사전과 뉴스

1) 위키백과/한국민족문화대백과 사전/나무위키/두산백과

해상강도, 바이킹, 프랜시스 드레이크, 헨리 모건, 에드워드 티치, 존 래컴, 앤 보니, 메리 리드, 알비다, 에드워드 로, 윌리엄 키드, 헨리 에브리, 포트로열, 왜구, 신라구, 정일수, 소말리아/해적 등

2) 뉴스등

① 중앙선데이, "소빙하기 이누이트는 적응… 목축 고집한 바이킹은 소멸. 2018년 3월 4일
https://news.joins.com/article/22411016

② MBN 뉴스, 소말리아 해적, 실수로 프랑스 군함 공격, 2019년 10월 8일
https://www.mbn.co.kr/news/world/460486

③ 랭킹월드, 악명높은 소말리아 해적들이 웬만하면 건드리지 않는 국가 5개
https://dongbeiren.tistory.com/1268

④ 4차 산업혁명, 세계경제포럼*('16.1), 한국은행('16.8), 현대경제연구원('16.8)
http://www.incodom.kr/4%EC%B0%A8_%EC%82%B0%EC%97%85%ED%98%81%EB%AA%85

⑤ BBC News Korea, 전설의 해적들: 소설이 아닌 역사적 기록이 있다.
2017년 10월 25일
https://www.bbc.com/korean/41477286

⑥ 해적들의 10가지 놀라운 규칙
https://www.ba-bamail.com/content.aspx?emailid=27173

3. 블로그

1) 베스, 유명한 해적 모음 서양편
https://blog.daum.net/bes365/4968

2) 항해자의 친구들(4) ; 경도
https://blog.naver.com/mdkdk/150006049814

3) 해양수산부, 국제 해적의 실체와 동향, 그리고 예방조치
https://m.blog.naver.com/koreamof/222037178963

4. 유튜브

1) 일당백: 일생 동안 읽어야 할 백 권의 책

① 해적의 역사! 해적은 어떻게 시대를 만들었는가?
https://www.youtube.com/watch?v=q4zJIwdR2YY&t=3028s

② 역사상 최악의 해적은 누구인가? 역사 속 악명을 떨친 해적들 총정리!
https://www.youtube.com/watch?v=ELfIN-2mUVw

2) 일상의 인문학
엉국과 엘리자베스 1세에게 바다의 주도권을 선물한 전설의 해적와 프랜시스 드레이
크/ 배은숙의 호락호락한 세계사 제27편
https://www.youtube.com/watch?v=R7m27HDrA74

3) 파파킴 역사

① 뱃사람들이 해적으로 돌변한 진짜 이유! 충격적인 선상 생활 / 해적의 역사 1
https://www.youtube.com/watch?v=3rbKgLjLTVE

② 해적은 배를 어떻게 털었을까? 해적의 약탈 방법? / 해적의 역사 2
https://www.youtube.com/watch?v=B0X85eZAhaU

③ 제국을 털었던 '전설의 대해적' 3인 / 해적의 역사 3
https://www.youtube.com/watch?v=wKNGZfvVvr8

④ 해적의 황금기는 왜 일어났을까? / 해적의 역사 4
https://www.youtube.com/watch?v=Kzc7skjsQro

⑤ 해적에 대한 '환상'을 만들어낸 해적. / 해적의 역사 5
https://www.youtube.com/watch?v=9A-X6Emtdzs

ⓖ 해적들은 얼마나 벌었을까? / 해적의 역사 6
   https://www.youtube.com/watch?v=0wv0i1f7r7o&t=28s

ⓗ 인육을 먹이는 역사상 가장 잔인한 해적 / 해적의 역사 7
   https://www.youtube.com/watch?v=QJQXWi8Ogbk

4) 차말남
   역사적으로 실존했던 전설의 해적들 Top 5!!
   https://www.youtube.com/watch?v=6oavjXZggME

5) 함께하는 세계사

   ① 대항해시대! 해적의 삶은 어땠을까?
      https://www.youtube.com/watch?v=qd3Dd5_qilw

   ② 바이킹족의 삶은 어땠을까?
      https://www.youtube.com/watch?v=i1x-rK_Q-1E

6) 궁금소
   당신이 몰랐던 해적에 관한 사실들
   https://www.youtube.com/watch?v=pk0XgFbdipQ

7) 무비희락
   미국 선박 건드린 해적들을 쓸어버린 네이비 실 특수부대, 실화(영화 리뷰, 결말 포함)
   https://www.youtube.com/watch?v=gk9ENehOrk0

8) Campus
   러시아 선박을 납치한 소말리아 해적의 최후
   https://www.youtube.com/watch?v=oA0DIe0m41A

9) 다람쥐방송
   소말리아 해적 침몰시키는 미군과 러시아
   https://www.youtube.com/watch?v=mVnz2Tui4tg

그림 출처

20쪽 MatthiasKabel/ commons.wikimedia.org/wiki/ (CC BY-SA 3.0)

28쪽 en:User:Bogdangiusca/ commons.wikimedia.org/wiki/ (CC BY-SA 3.0)(변경)

32쪽 Walter Eric Sy/ Shutterstock.com

36쪽 Continentalis/ commons.wikimedia.org/wiki/ (CC BY-SA 3.0)(변경)

40쪽, 49쪽, 53쪽, 60쪽(아래), 62쪽, 63쪽, 64쪽, 67쪽, 135쪽, 141쪽, 151쪽
  Shutterstock.com

46쪽 Robert Szymanski/ Shutterstock.com

48쪽, 146쪽, 앞표지 한단비 그림

70쪽 (오른쪽 위) Bastianow/ ru.m.wikipedia.org/wiki/ (CC BY-SA 2.5)
  (오른쪽 가운데) Orem /it.wikipedia.org/wiki/ (CC BY-SA 3.0)

100쪽 Theodore Scott/ commons.wikimedia.org/wiki/ (CC BY-SA 2.0)

120쪽, 131쪽 U.S. Navy/ commons.wikimedia.org/wiki/ (CC0 1.0)

123쪽 Asianet-Pakistan/ Shutterstock.com

소금,
마법의
하얀 알갱이

소금, 마법의 하얀 알갱이
_만능 물질 소금 이야기

초판 1쇄 발행 2020년 10월 23일
초판 2쇄 발행 2021년 9월 17일

지은이 박흥식 · 빅용주
펴낸이 이원중

펴낸곳 지성사 **출판등록일** 1993년 12월 9일 **등록번호** 제10 – 916호
주소 (03458) 서울시 은평구 진흥로68(녹번동) 정안빌딩 2층(북측)
전화 (02) 335-5494 **팩스** (02) 335-5496
홈페이지 www.jisungsa.co.kr **이메일** jisungsa@hanmail.net

ISBN 978-89-7889-452-4 (04400)
ISBN 978-89-7889-168-4 (세트)

잘못된 책은 바꾸어드립니다. 책값은 뒤표지에 있습니다.

이 도서의 국립중앙도서관 출판예정도서목록(CIP)은 서지정보유통지원시스템
홈페이지(http://seoji.nl.go.kr)와 국가자료종합목록 구축시스템(http://kolis-net.nl.go.kr)에서
이용하실 수 있습니다. (CIP제어번호: CIP2020043160)

소금,
마법의
하얀 알갱이

만능 물질 소금 이야기

박흥식
박용주
지음

2년 전쯤 통영해양생물자원기지를 방문했을 때, 함께 책을 집필하게 된 박용주 기지장이 소금 생산 기술에 대한 특허를 출원하였다는 말씀을 하였다. 문득 생물 양식 분야에 전문인 분이 소금으로 특허를 준비하였다는 말에, 의아하기는 했지만 우리나라 천일염 생산의 현실을 이야기보따리 풀듯 설명하시는 사이에 소금에 깊이 빠져들었다. 너무나 흔하고 오랫동안 사용해온 까닭에 어떤 생각도 하지 못했던 소금이, 미처 살펴보지 못한 아주 가까운 연구 주제라는 생각이 들었다.

기지장에게 특허출원 내용을 연구 기획 사업으로 신청하자고 제안하자, 그 자리에서 수십 개의 파일이 담긴 유에스

비(USB)를 건네주었다. 거기에는 이미 소금에 대한 상당한 정보 외에 마무리를 짓지 못한 관련 사업 제안서 파일도 포함되어 있었다.

요즈음 연구 사업을 준비하려면 '4차 혁명', 'ICT' 등 시대를 아우르는 방향을 따르거나 눈에 익숙하지 않은 새로운 단어로 제목을 무장해야 관심을 끄는데, 난데없이 소금을 등장시킨 것이 뜻하지 않게 관심을 끌어 채택이 되었다. 그러나 결과 평가에서 첫 번째 받은 질문이 "왜 해양과학기술원에서 소금을 다루어야 하나요?"였다.

예전 같으면 관심을 받지 못한 기획은 그냥 덮어버리거나 한쪽 구석에 모아두었는데, 반 년 동안 생각해온 주제라 그런지 무언가 다른 애착이 느껴졌다. 일반적으로 기획 사업을 진행하게 되면 주제와 관련된 사전 연구들을 깊게 들여다본다. 하지만 '소금'에서는 연구 사례보다 우리와 함께했던 이야기들에 더욱 흥미를 느꼈다. 왜 필요한지, 어떻게 구했는지, 어디에 사용했는지 등등…… 아마도 충분한 지식이 없었던 주제였기에 더 깊은 의미를 찾는 것에 충실해야 한다는 의무감인 듯하였다.

몹시도 추웠던 어느 겨울날, 봄을 기다리며 휴지기에 들어간 염전을 다녀온 적이 있다. 소금기가 말라붙어 있는 황량한 모습의 염전 지대를 걸으며 마치 미세한 유리 가루 같은 것을 가득 쌓아놓은 듯한 천일염 창고를 들여다보면서, 소금을 한 움큼 쥔 채 사업보다는 그동안 알고 있었던 소금 이야기를 한참 동안 주고받았던 기억이 있다. 이 책에는 그때 주고받은 이야기들이 담겨 있다.

지금부터 우리가 살아가면서 정말 필요하지만 너무 과하면 문제가 되는, 일상에 아주 흔한 물질 '소금'을 소개하고자 한다. 마음이 앞선 상태에서 적어본 거친 글을 한 권의 책으로 탄생할 수 있도록 세심하게 잡아주신 조정현 선생님과 시성사 편집부에 깊은 감사를 드린다.

1장

소금은

우리에게 '짜다'는 맛으로 더 쉽게 이해되는 물질이 있다. 바로 '소금'이다. 소금은 순우리말로, 가까운 중국에서는 한자어로 '염(鹽)'이라 쓰고 '얜'이라 발음한다. 일본에서는 '시오(しお)'라고 부른다. 서양에서 소금은 라틴어 'Sal'에서 유래하여 영어로는 Salt, 스페인어로는 Sal, 독일어는 Silz, 프랑스어로는 Le sel, 이탈리아어로는 Sale라고 다양하게 부르고 있다.

짠맛은 인류가 섭취하는 음식에서 쉽게 느끼는 맛 가운데 하나이다. 또 음식물 섭취를 유도하는 맛이기도 한데, 이는 몸에 반드시 필요한 요소를 가지고 있기 때문일 것이다. 무엇보다 흔한 것 같지만 자연에서 구하려면 쉽게 얻기 어려운 물질, 소금. 왜 사람이 살아가는 데는 꼭 소금이 있어야 할까?

과학으로 보는 소금

  사람들은 소금이라고 하면 그 짠맛 때문에 일반적으로 음식을 먼저 생각한다. 그러나 소금의 생성 과정과 우리 몸에서 작용하는 기능에 대해 알면 알수록 소금이 단순히 짠맛을 가진 물질이 아닌, 과학으로 이해해야 할 역할을 가지고 있다는 사실에 놀라게 될 것이다.

  물질을 이루는 기본 성분으로 화학적 방법으로는 더 이상 분해되지 않는 물질을 원소라고 한다. 현재까지 알려진 원소는 118종으로 핵반응에 의한 합성 원소가 간혹 발견되어 원소 수가 증가하고 있으며, 순수하게 자연에서 발견된 원소는 94종이다. 원소는 그 자체로 하나의 물질을 형성하기도 하지만, 다양한 원인에 의해 서로 결합하여 화합물을 만든다. 서

로 다른 부품이 연결되어 하나의 물건이 만들어지듯이 소금
역시 서로 다른 원소가 결합한 화합물이 만든 여러 물질의 집
합체이다.

소금을 이해하려면 우선 가장 함량이 많은 염화나트륨부
터 알아보는 것이 좋다. 염화나트륨(NaCl)은 나트륨(Na⁺) 이온
과 염소(Cl⁻) 이온이 결합한 화합물이다. 염소 이온은 나트륨
뿐 아니라 다른 원소와도 쉽게 결합해서 바닷물에는 탄산염,
인산염, 규산염 등 다양한 종류의 염 물질이 녹아 있다.

바닷물을 증발시키면 하얀색의 침전물이 생기는데 이 중
에는 염화나트륨이 가장 많다. 하지만 기타 염 물질과 다른
화합물도 포함되어 있어 간혹 소금을 염화나트륨과 같은 의
미로 부르는 것은 특징과 기능을 이해하는 데 상당히 복잡함
을 띠게 한다. 다만 일본에서 소금은 바닷물을 자연에서 증
발시키지 않고 98퍼센트 이상 순수한 염화나트륨만을 정제
하여 생산하므로 소금과 염화나트륨을 같은 의미로 사용할
수 있다.

염화나트륨은 맛을 가지고 있다. 쓴맛을 내는 염소 이온
이 나트륨과 결합하여 짠맛을 낸다. 모양과 색도 있어서 고
체인 경우에 흰색을 띠면서 정육면체 형태가 된다. 여기에

다른 화합물이나 금속 원소, 유기물 등이 섞이면 그 양에 따라 다른 색을 띠기도 하고, 수분을 흡수하는 정도에 따라 모양도 다양해진다. 예를 들어 김장할 때 쓰는 굵은 소금은 일반 소금에 비해 갈색인데 이는 점토 성분이나 구리 이온이 소금에 포함된 것이고, 결정 구조가 정육면체가 아닌 여러 가지 모습으로 나타난 것은 입자에 수분이 덜 빠진 상태이기 때문이다.

다시 나트륨 이온과 염소 이온이 결합한 염화나트륨의 화학 구성을 살펴보자. 나트륨은 독일어식 표현으로, 이집트 소다 광산에서 생산된 나트론(Natron)에서 유래하였다. 공식 표기는 소듐(Sodium)이나 우리나라에서는 오래전부터 나트

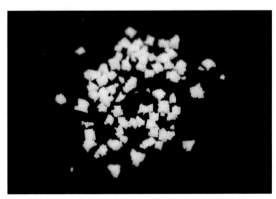

그림 1 | 정육면체 모양의 결정체 구조를 가진 천일염

륨으로 불리었기에 두 개의 이름을 함께 사용하도록 정하였다. 소듐은 아라비아어 '소다(Soda)'에서 유래하였다. 나트륨은 화학 기호로는 Na로 표기하고, 원자 번호가 11이다.

지구 표면을 구성하는 지각은 여러 종류의 암석으로 구성되어 있는데, 이 암석들도 결국은 다양한 원소가 결합한 화합물이다. 나트륨은 지각을 구성하는 원소 중에 6번째로 많은 금속성 물질이다. 다른 물질과 반응하기를 좋아해서 자연 상태에서는 순수하게 나트륨 혼자만 존재하는 경우는 매우 드물고, 대부분 다른 원소와 결합한 화합물 상태로 존재한다. 나트륨과 가장 잘 결합해 있는 원소가 바로 염소(Cl)이다. 그래서 지구상에서 나트륨 이온은 대부분 염화나트륨(NaCl) 형태로 존재한다.

염소(鹽素)는 한자어를 우리말로 발음한 것이다. 원소 기호로는 Cl로 표기하며, 클로리움(Chlorium)이라고 부른다. 원자 번호는 17이고, 나트륨처럼 다른 원소들과 결합하려는 성질이 강하다. 지금까지 알려진 염 물질은 2000개 정도 된다.

염소 이온이 열을 흡수해 기체 상태가 되면 독자적인 원소로 존재한다. 이때 황록색을 띠며, 계란 썩은 것 같은 불쾌한 냄새를 풍긴다. 농도가 높은 염소 가스를 호흡한 생물들

은 생명을 위협 받기도 한다. 실제로 1차 세계대전 때 독일은 염소 가스를 화학무기로 사용하였다.

염소는 지각 성분에서 21번째로 많은 원소로 고체 상태에서는 단독 물질보다 대부분 다른 원소와 결합한 화합 물질 형태로 존재한다. 특히 바닷물 속에는 상당량의 화합물 상태로 녹아 있는데 그 양이 전체 바닷물 무게의 약 1.9퍼센트에 이른다. 대부분이 나트륨과 결합한 염화나트륨으로 존재한다. 곧 바닷물에는 많은 양의 나트륨과 염소 이온이 녹아 있으며, 이들이 염화나트륨이란 물질로 존재하고 있는 것이다.

바닷물에 가장 많은 화합물, 염화나트륨

바닷물에는 많은 양의 염소와 나트륨이 결합해 염화나트륨이라는 화합물 상태로 존재하고 있고 이것을 소금이라고 이해했다면, 이제 바닷물이 왜 짠지도 이해할 수 있을 것이다. 그렇다면 바닷물에는 어떻게 이토록 많은 소금이 녹아 있는지가 궁금할 수 있다. 결국 '바닷물은 왜 짠가?'라는 질문은 간단하게 답하기 어려운 질문이다. '바닷물에 소금이 많이 녹아 있는 이유'를 정확히 알기 위해서는 지구에서 바다가 만들어진 역사부터 알아야 하기 때문이다.

지구에는 처음부터 땅과 바다와 공기가 있었을까? 지구의 탄생을 연구하는 과학자들은 그렇지 않다고 말한다. 처음에는 땅도 물도 없었고, 당연히 바다도 없었다. 지구를 둘러

싼 대기의 성분도 현재 산소, 이산화탄소, 질소인 것과는 다르게 오직 수소와 헬륨으로 구성되었다. '빅뱅설'에 따르면 약 150억 년 전 초기 우주의 대폭발과 팽창은 다양한 화학 반응을 일으켜 많은 원소를 만들었고, 이렇게 만들어진 원소들 사이에 강한 중력이 작용해 서로 부딪치면서 열을 발생하고 한곳으로 모여 뭉치는 과정에서 태양계가 이루어졌으며, 불 덩어리가 된 둥근 모습의 원시 지구도 탄생하였다.

이때 철과 같은 무거운 원소는 지구 중심 쪽으로 이동하고, 가벼운 원소는 기체 상태에서 지구를 감싸면서 원시 대기권을 형성하였다. 대기권은 마치 비닐하우스처럼 지구 밖으로 빠져나가려는 열과 지구에서 증발하는 수증기를 가두는 역할을 하였다. 이 같은 상황에서 차가운 우주 온도에 의해 대기권 안쪽이 서서히 식어가며 수증기가 과포화하고 대기 중에 물방울이 생성되면서 비가 만들어졌다. 그리고 지구 표면에 내린 비는 뜨거운 지각을 식히면서 다시 수증기로 발생하는 과정이 수억 년 되풀이되었다.

오랜 기간 내린 비는 대기 중에 존재하던 염소 가스를 녹여서 지표면으로 보냈다. 곧 원시 지구에서 비는 순수한 물이 아니고 염소 이온이 많이 포함된 염산 성질을 띤 것이었

다. 지표에 뿌려진 염산 비는, 단단하게 굳어지기 전의 지각을 구성하는 원소나 물질과 결합하여 염 물질을 만들었다. 더 이상 증발이 진행되지 않은 시기에 염 물질을 가득 머금은 빗물은 지각 위에 고여서 바다가 되었다. 다시 말해 약 38억 년 전에 출렁이던 원시 바다는 지금과는 도저히 비교할 수 없는 염으로 구성된 용액이었던 셈이다.

이 과정에서 지각 속에 들어 있던 나트륨 역시 염산 바다에 녹아 들어갔다. 빗물이 지표면을 흐르면서 지각을 깎아 만든 흙탕물 속의 점토는 칼륨을 포함해 여러 물질을 흡착한 채 바닷가 해안이나 원시 바다에 도착한 후 가라앉으면서 굳어져 퇴적암을 형성하였다. 하지만 나트륨은 물에 잘 녹는 성질을 가지고 있어서, 점토에 흡착되기보다는 바닷물 속에 용액으로 남아 염산 성분을 구성하는 염소와 결합해 염화나트륨으로 존재하게 되었다.

이러한 과정이 반복되면서 바닷물은 서서히 염산 성분보다 염화나트륨 성분이 증가하였다. 뿐만 아니라 바다는 지각에서 녹아 들어간 다양한 원소들이 계속해서 화학작용을 하여 다양한 물질을 만드는 공간이 되었다. 대기 중에 포함된 이산화탄소가 바닷물에 녹아 탄산(H_2CO_3)이 생성되고, 여기

에 다시 마그네슘이나 칼슘이 결합하면서 물보다 무거운 화합물이 되어 바다 속으로 가라앉았다. 곧 지각 성분에 나트륨보다 많았던 원소들은 다시 지각의 구성원으로 돌아갔지만, 나트륨과 염소가 결합된 염화나트륨은 바닷물에 녹은 상태로 남게 된 것이다.

약 6억 년 전에 살았던 해양 생물의 화석을 분석해보면, 이 시기의 바닷물과 현재의 바닷물 성분이 비슷한 것으로 나타난다. 지금도 바다와 지구 표면에서는 계속해서 수분이 증발하고 이것이 다시 비가 되어 지표면이나 바다로 내리는데, 일 년 동안 내리는 비의 양이 약 38억 톤이라고 한다. 이 빗

그림 2 | 지표면에서 일어나는 물의 순환 모식도

물이 지속적으로 지표면을 깎거나 녹이면서 많은 양의 물질을 바다로 이동시키고 있다.

그렇다고 지구상의 모든 바닷물 성분이 똑같은 것은 아니다. 지역마다 비가 내린 양이나 바다로 흘러가는 지형 조건에 따라 지표면에서 녹아 들어가는 물질의 양이 다르기 때문이다. 지구 표면적의 ⅓을 차지하는 태평양을 기준으로 바닷물의 성분을 비교해보면, 물속에 순수하게 녹아 있는 물질의 약 78퍼센트는 염화나트륨이고, 나머지 22퍼센트에 염화마그네슘(5.9%), 황산마그네슘(6%), 황산칼륨(4%), 염화칼륨(2%) 등이 들어 있다. 나트륨, 염소 외에 마그네슘, 칼륨, 칼슘 등 지구상에 존재하는 대부분의 물질이나 화합물이 바닷물 속에 포함되어 있는 것이다.

결과적으로 바다나 호수, 땅속 어디에서 발견되든 소금은 일단 염화나트륨이 굳어져서 만들어진 것으로 바다에서 출발한 것이라 추측할 수 있다. 곧 바닷물이 지각 변동으로 고립된 뒤 증발하면 소금 호수가 생기고, 땅속에 갇히거나 스며들어 고인 상태에서 수분이 빠져나가면 소금 광산이 된다. 그리고 이때 함께 포함되어 있던 수십 종의 물질의 양에 따라 그 맛과 색이 달라진다.

소금의 종류

세상에는 이미 다양한 형태로 소금이 존재한다. 바닷물에 녹아 있는 염화나트륨이 지구의 오랜 역사 속에서 여러 가지 모습으로 탈바꿈한 것이다. 거기다가 사람은 필요에 따라 바닷물에서 직접 소금을 만들고 있다. 현재 사람들이 사용하는 소금은 일 년에 대략 2억 톤에 이른다. 그중에 바닷물을 직접 증발시켜 만드는 소금은 30퍼센트 정도에 불과하다. 아직도 우리는 바다가 아닌, 땅속에 묻혀 있거나 넓은 평원에 굳어 있던 소금을 주로 사용하고 있다.

암염Rock Salt

소금을 알갱이나 가루라고 생각하던

사람들은 암염을 소금이라고 생각하지 못할 수 있다. 암염(巖鹽)의 '암'은 '바위'라는 뜻이다. 바위가 그렇듯이 암염은 석탄이나 철광석처럼 땅속에 광맥을 형성하여 단단하게 굳어 있다. 물론 지각 표면에 노출된 노천 소금 암석도 있고, 바다가 고립되어 만들어진 호수에서 물이 증발하여 생성된 소금 벌판도 암염에 포함된다. 곧 넓은 의미로 암염이란 '육지 소금'이라 할 수 있다.

지구에는 가끔 땅이 갈라지고 뒤틀어지는 심각한 지각 활동이 일어난다. 지진도 그중 하나인데, 규모가 큰 지각 활동이 발생하면 바다 한가운데에 산이 생기기도 하고 육지가 가라앉아 바다가 되기도 한다. 이때 바닷물이 육지로 고립된 후 수분이 증발하면 소금 결정이 두껍게 층을 이루기도 하고, 바닷물이 땅속에 고립되어 수분만 빠지면 석회동굴이나 석탄처럼 광맥을 형성하여 암염층을 만들기도 한다.

지금도 지구상에는 암염이 만들어지고 있는 다양한 종류의 소금 호수(염호)가 있다. 러시아에 있는 카스피해(Caspie海)는 한반도보다도 큰 소금 호수이며 티베트에 있는 남초호(Namtso湖)는 백두산보다 높은 해발 4700미터에 위치한, 짠물로 된 호수이다. 이곳에 예상할 수 없는 지각 변동이나 기

후 변화로 인해 물이 증발하면 하얀 소금 벌판이 만들어질 수 있다.

이처럼 소금 성분으로 구성된 광맥이나 거대한 암반 구조를 광물학에서는 '암염층'이라고 부른다. 암염층이 생성되려면 원유가 만들어지는 것처럼 긴 시간이 걸린다. 미국 북부에 형성된 암염층은 3억 7500만 년의 역사를 가지고 있으며, 소금 광산으로 유명한 독일의 슈트라스부르크(Strasburg), 폴란드의 비엘리치카(Wieliczka) 암염층은 2억 3000만 년 전에 형성되었다.

오랜 기간 바닷물이 땅속에 갇히거나 스며들면서 진행된 다양한 화학적 작용은 바닷물 속에 포함되어 있던 일부 화합물을 분해하면서 순도가 거의 99퍼센트에 이르는 염화나트

표1 | 암염의 다양한 색과 그 요인

색 구분	요인	비고
적색, 자색	염화칼륨, 철 성분	히말라야 소금
녹색	구리	하와이안 그린 소금
회색, 흑갈색	점토	
갈색	유기물	
분홍색	플랑크톤	

륨층을 만들기도 한다. 하지만 무색투명한 순수 염화나트륨으로만 구성된 암염은 극히 드물며, 대부분 흰색이나 다른 색을 띠고 있다. 암염은 땅속에 있는 동안 지열, 지하수, 지각에 포함된 금속 성분이 섞이면서 독특한 색과 향을 가진 소금이 된다(표1). 인기가 많은 분홍색의 히말라야 소금도 티베트 고원에 만들어진 암염을 채취한 것이다.

유럽은 소금 벌판과 같이 지각 위로 노출된 암염 지대가 거의 없다. 거기다가 알프스산맥 북쪽 지역은 바다에서도 먼 거리에 위치해 있어 원시 유럽인들에게는 소금 확보를 위한 암염층의 발견이, 식수와 농사가 가능한 공간 확보와 더불어 거주지를 선정하는 데 중요한 요건 중 하나였다. 그래서 아주 오래전부터 암염 광맥에서 소금을 채굴하다가 만들어진

갱도 흔적들이 곳곳에 남아 있다.

오스트리아의 할슈타트는 암염 광산으로 유명한 지역인데, 이미 기원전 1000~기원전 500년경부터 암염을 채굴했던 유적이 발견되었다. 폴란드의 비엘리치카도 역사가 깊은 암염 광산으로 1044년에 채굴이 시작되어 1200년대에 성행하였다. 영국은 2~3세기에 로마 사람들이 암염 지대를 찾거나 채굴하는 기술을 전수하였다.

암염의 채굴 방법은 석탄의 채굴 방법과도 유사하다. 지하나 바위 속으로 갱도를 만들어 파내야 하는데, 이 과정에서 노예나 전쟁 포로들이 힘든 일을 담당하였다. 암염의 채취 기록은 중국에도 있다. 기원전 400년경 진나라 때 사천성의 심정호(深井戸, 30m 이상의 깊이로 판 우물)에서 암염을 채취했다고 한다.

천일염sea salt, solar salt

천일염이란 바닷물을 일정한 공간에 가두고 햇빛에 물을 증발시켜 만든 소금을 말한다. 소금을 얻기 위해 짠 바닷물을 이용하는, 어찌 보면 가장 수월한 방식이라고 할 수 있다. 사람이 천일염을 생산했다는 직접적인

기록은 남아 있지 않지만 대략 기원전 1000년경으로 추정한다. 아마도 바닷가에서 증발로 인해 만들어진 소금을 채취한 것은 훨씬 더 오래되었을 것이다. 그렇다면 사람들은 바닷물에서 소금을 얼마나 얻을 수 있었을까?

바닷물에는 평균 3.5퍼센트의 소금이 포함되어 있다. 하지만 순수한 염화나트륨은 2.8퍼센트이다. 곧 바닷물 1리터에는 28그램의 염화나트륨이 포함되어 있다. 그렇다면 나머지 0.7퍼센트는 무엇일까? 염화나트륨을 뺀 나머지 성분은 성질이 다른 염화물들이다. 바닷물을 증발시켜 얻은 침전물을 우리는 소금이라 하지만, 실제로 소금을 대표하는 물질 이외에 다양한 화합물이 소금에 섞여 있는 것이다.

바닷물은 온도가 대략 섭씨 40도 이상 올라가면 수분이 증발하기 시작하고, 바닷물 속 염분의 농도가 높아진다. 그리고 높은 수온이 계속되어 수분이 장기간 증발하면 바위나 모래 해변에서부터 회색을 띠는 고체 덩어리가 만들어지기 시작한다. 이것을 소금이라 생각할 수도 있는데 정확히 말하면 염 화합물이다. 약간의 짠맛이 있지만, 오히려 쓴맛이 나는 이유가 황산칼슘이나 황산마그네슘, 염화칼륨 등으로 구성되어 있기 때문이다.

그림 4 | 바닷물을 가두어 소금을 생산하는 모습(전라남도 신안)

자연 증발에 의해 생긴 소금은 고체 덩어리 안에 염화나트륨을 제외한, 바닷물 속에 존재하는 일부 염 물질이 더 많이 포함되어 있다고 볼 수 있다. 왜냐하면 염화나트륨은 물에 녹아 있는 상태에서 수분이 증발되어 고체가 되는 시간이 다른 염 물질보다 오래 걸린다. 증발이 더 오래 지속되어야 짠맛이 강한 하얀색의 고체 덩어리를 얻을 수 있다.

염화나트륨보다 고체로 변하는 시간이 더 느려서 마지막까지 물에 녹아 있다가 완전히 건조되는 것은 염화마그네슘이다. 바닷물을 건조시킨다고 해서 이때 만들어진 모든 것이

소금, 곧 염화나트륨은 아닌 것이다. 따라서 바닷물을 증발시켜 생산한 하얀 결정체를 소금이라 부르기보다 '천일염(天日鹽)'이라 부르는 것이 더 정확한 표현일 것이다. 천일염에는 바닷물에 포함되어 있는 다양한 물질들이 결정체에 포괄적으로 들어가 있다. 결정체는 조건에 따라 크기와 짠맛의 정도가 달라진다.

정제염refined salt

　　　　　　　자연에서 바닷물을 증발시키는 방법 외에도 소금을 만드는 방법이 있다. '이온교환수지'라는 장치를 사용하면 바닷물 속의 이온 물질을 분리하여 순수하게 염화나트륨만으로 구성된 물질을 추출할 수 있다. 기계 장치로 소금을 생산해서 '기계염'이라 부르기도 하는데, 순수하게 염화나트륨만을 추출하므로 '정제염'이라 부른다.

정제염을 만드는 공정은 다소 복잡하다. 우선 바닷물을 여과하여 불순물을 없애고, 인위적으로 전기분해나 화학반응을 유도하여 바닷물에 포함된 화합물들을 원소 형태로 분해한 다음 이온교환막을 통과시켜 나트륨 이온과 염소 이온만을 별도로 분리시킨다. 분리된 나트륨 이온과 염소 이온

을 다시 순수한 물에 녹인 뒤 열을 가하여 수분을 증발시키면, 염화나트륨 농도가 99퍼센트 이상인 소금이 만들어진다. 이러한 방식은 바닷물 증발 방식의 염전과 같은 넓은 공간이 필요하지 않고, 정제 과정에서 기상 조건에 의지해야 하는 걱정 없이 순도가 높은 염화나트륨으로 구성된 소금을 생산할 수 있다.

이 기술은 일본에서 처음 개발하였는데, 바닷물을 증발시킨 방식보다 불순물을 제거했다는 이유로 깨끗하고 보건 측면에서 안전하다고 평가 받고 있다. 일본에서 '소금'은 이렇게 정제염을 사용하는 것이어서 염화나트륨과 같은 의미라

암염   정제염   천일염

그림 5 │ 소금 생산 방식에 따라 색과 모양이 달라진 소금 결정체

고 인정할 수 있다. 하지만 일본식 정제염은 세계적으로 높은 선호도를 보이고 있지 않다. 우리나라에서도 이러한 방식의 소금을 생산하고 있는데, 순수한 염화나트륨만 판매하지 않고 여기에 다른 첨가물을 섞어 '맛소금'으로 가공한 것들을 주로 판매하고 있다.

2장

소금과 사람

소금이 필요한 이유

사람이 생명을 유지하는데 꼭 있어야 하는 것은 무엇일까? 우선 공기가 없으면 사람은 몇 분도 살 수가 없고, 물이 없으면 며칠을 견디지 못한다. 물론 식량도 필요하다. 그리고 여기에 하나를 더 제시한다면 바로 소금이다. 소금이 없다면 사람은 생명을 잃을 수 있다.

사람뿐 아니라 지구상에 사는 모든 동물들이 생존을 위한 소금 섭취의 중요성을 본능적으로 알고 있다. 하지만 바다 동물은 아마도 우리가 공기의 중요성을 거의 인식하지 못하는 것처럼 소금에 대한 중요성을 거의 인식하지 못할 것이다. 바다에 살고 있어 자연적으로 접할 수 있는 화합물이기 때문이다.

그렇다면 왜 소금은 동물이 살아가는 데 꼭 필요한 물질이 되었을까? 비밀은 동물의 진화 과정에서 찾을 수 있다. 지구에서 살아가는 모든 생명의 고향은 바다이다. 최초로 바다에서 탄생한 동물은 생명을 유지하기 위해 바닷물을 구성하고 있는 물질을 이용하여 생리적인 여러 기능을 진화시켰다. 바다에서 가장 흔한 물질 중 하나가 염화나트륨인데, 동물들에게는 살아남기 위한 필수 요소로 이것을 이용하는 것이 가장 효율적인 선택이었다.

그런데 언제부터인가 동물들이 육지로 올라오기 시작하였다. 육지로 올라온 동물들에게 염화나트륨을 확보하는 일은 매우 중요한 문제였다. 이들에게는 바다에서 쉽게 얻었던 것들을 구하거나 대체하는 방법을 터득하는 것이, 생소한 환경에 적응하기 위한 가장 중요한 해결 방안이었을 것이다.

특히 염화나트륨은 생명을 유지하는 데 없어서는 안 될 물질이어서 육상 동물들은 아직까지도 염화나트륨을 얻기 위해 노력하고 있다. 실제로 야생 동물이 떼를 이루어 살아가는 지역에는 공통점이 있다. 아프리카 케냐의 초원이나, 들소가 서식했던 미국의 초원을 둘러보면 주변에 소금 호수나 소금 바위(암염)가 지각 위로 노출된 곳이 존재한다.

사람을 포함해 땅 위에 터를 잡은 동물들에게 짠맛 나는 소금이 왜 필요할까? 오랜 기간 살아오면서 소금이 필요하지 않도록 진화하지 못한 이유라도 있는 것일까? 긴 시간이 지났지만 왜 아직까지 소금의 필요성을 완전하게 해결하지 못했을까? 이 의문을 풀기 위해서는 우선 소금에서 염화나트륨, 곧 나트륨과 염소가 사람의 몸속에서 어떤 역할을 하는지 알아야 한다.

몸속에서 전기에너지를
만드는 소금

사람의 몸은 약 100조 개의 세포로 구성되어 있다. 각 세포에는 핵이 있으며, 핵은 유전정보를 담은 DNA와 단백질을 설계하고 만드는 RNA를 생산하는 기능을 한다. 핵에서는 ATP라는 화합물도 만드는데 이것은 생명체를 움직이게 하는 일종의 화학에너지라고 할 수 있다. ATP가 몸속에서 에너지로 활동할 때 중요한 역할을 하는 물질이 염화나트륨이다.

사람의 몸을 구성하는 세포는 대부분 수분으로 구성되어 있고, 여기에는 항상 약 0.9퍼센트라는 일정한 양의 염화나트

룸이 녹아 있다. ATP는 세포 속에 녹아 있는 염화나트륨 중에서 3개의 나트륨 이온을 세포 밖으로 내보내고, 대신 칼륨 이온 2개를 세포 안으로 들여오는 역할을 한다. 이렇게 되면 세포 밖으로 나가는 (+)전하를 가진 나트륨이, 들어오는 칼륨 전하보다 많아지면서 세포 안과 밖 사이에 전위차가 발생한다. 결국 세포막을 사이에 두고 ATP에 의한 삼투압의 원리가 작용하여 전위차가 만들어지고, 이것이 전기에너지가 되는 것이다.

다시 말해 염화나트륨 형태로 공급된 나트륨 이온이 세포막 사이의 전위차를 유지하는 데 크게 작용함으로써 우리 몸 속에서 다양한 생명 활동을 지탱해주는 전기에너지를 만들게 한다. 신경 전달 자극, 근육 수축과 심장의 지속적인 작동, 영양분의 흡수 외에도 피가 혈관 속으로 흐르는 모든 생명 활동이 이렇게 만들어진 전기에너지로 유지된다고 할 수 있다.

우리가 음식을 먹고 나서 확보한 영양분은 세포에서 유전자와 단백질을 만드는 데 소모되지만, 20~30퍼센트 정도는 세포막을 통한 전위차 생성에 이용된다. 소금이 우리 몸을 움직이게 하는 영양분 이동과 에너지 생산 요소로 작용하는

것이다. 이와 함께 세포 밖에서 안으로 공급되는 원소인 칼륨 이온 역시 대부분 소금 특히 천일염을 통해 몸속으로 공급되고 있다.

한편, 이러한 전위차 과정에서 세포는 이온교환과 함께 수분과 산소, 영양분을 흡수하고, 핵에서 사용되고 버려지는 노폐물이나 이산화탄소 등 불필요한 물질을 배출한다. 그러면 이 물질들은 혈관을 통해 폐와 신장으로 이동한 다음 호흡이나 소변 또는 땀으로 인체 밖으로 나오게 된다. 땀을 맛보면 찝찔한 맛이 나는 이유가 바로 세포 속에서 배출된 나트륨 성분 때문이다.

몸속에 나트륨이 부족하면 전위차 유지가 어려워지면서 몸에 필요한 에너지를 확보하기 힘들어진다. 이 경우 몸에서는 에너지 부족으로 혈압이 낮아지고, 신경 활동이나 근육 운동이 저하되는 무기력증이 나타난다. 몸에 경련이 일어나거나 심하면 급격한 쇼크가 발생하여 생명을 위협 받기도 한다. 또 나트륨과 함께 세포 속으로 이동하는 산소와 영양소의 공급도 어려워진다. 이처럼 나트륨은 생명을 유지하는 데 중요한 역할을 하는, 생명체에 없어서는 안 될 물질 중 하나이다.

음식물 소화와
소금

　　　　　　　　　우리 몸을 구성하는 중요한 영양소인 단백질도 나트륨 이온과 염소 이온이 없으면 제대로 이용되지 못한다. 알칼리성인 나트륨은 단백질 분자를 분해하는 성질을 가지고 있어서 우리 몸에 흡수되기 좋은 형태인 아미노산으로 만들어준다. 탄수화물을 분해하여 소장에서 흡수하기 좋은 크기의 글루코스로 만들기도 한다.

　소장 안쪽 점막을 구성하는 세포의 나트륨 농도는 세포 바깥쪽보다 상대적으로 낮게 유지되어 삼투압 작용을 유도하며, 나트륨이 점막 세포 속으로 흡수되도록 한다. 이 과정에서 아미노산이나 탄수화물 등의 영양소와 수분이 함께 몸속으로 흡수될 수 있다. 이렇게 세포 속으로 들어온 나트륨은 전위차를 통한 전기에너지 생산에 기여하고 배출된 후 영양소와 결합하여 다시 흡수되는 역할을 반복한다.

　나트륨은 삼투압 작용 외에도 쓸개즙, 췌장 물질 등 소화액 성분을 만드는 원료로 사용되어 소화를 돕는 역할을 한다. 따라서 나트륨이 부족하면 소화액 분비가 줄어 소화 장애뿐 아니라 식욕이 떨어지기도 한다.

링거액의 역사

병원에 입원하면 일반적으로 수분이나 염분, 영양분을 빠르게 공급 받기 위한 목적으로 링거액을 맞는다. 이 링거액도 염화나트륨이 없었다면 만들어지지 못했을 것이다. 링거액의 정체가 사람의 체액과 같은 0.9퍼센트 농도의 생리 식염수이기 때문이다.

링거액을 처음 개발한 사람은 영국의 의사 시드니 링거(Sydney Ringer, 1836~1910년) 박사이다. 그는 개구리에서 심장을 꺼낸 뒤 심장 박동을 최대한 오래 지속시키기 위한 방법으로 개구리의 체액 성분을 연구하면서 0.7퍼센트의 생리 식염수가 도움이 된다는 사실을 발견하였다.

사람 역시 식염수 공급이 생리적인 안정을 가져오는 중요한 방법임을 인식한 그는 염분 농도를 체액과 동일하게 만든 생리 식염수를 개발하여 활용할 경우, 환자를 안정시키는 데 획기적인 방법이 될 것으로 생각하여 링거액을 만들었다. 링거액은 pH7.2, 0.9퍼센트의 염분 농도를 맞추어 구성되었다.

대부분의 사람들이 짠 음식을 먹거나 운동을 한 뒤 갈증을 겪은 경험이 있을 것이다. 이때 우리가 물을 찾는 이유도 바로 염화나트륨 때문이다. 짠 음식을 많이 섭취하면 높은 농도의 나트륨이 몸속으로 공급된다. 심한 운동으로 수분을 배출할 때에도 몸속 나트륨 농도는 증가한다. 그러면 우리 몸은 나트륨 농도를 안정시키기 위해 많은 수분을 필요로 하게 된다. 곧 몸속에서 삼투압을 맞추기 위해 세포 속으로 수분이 이동해 세포가 팽창하고 이때 뇌세포도 팽창하면서 뇌압이 증가하여 갈증, 구토 등을 유발한다.

그렇다고 물을 너무 많이 마시면 어떻게 될까? 과다하게 공급된 수분으로 나트륨 농도가 다시 부족해지면서 온몸의 기운이 빠지고, 현기증과 저혈압이 동반될 수 있다. 그래서 갈증을 해결하기 위해서는 물 이외에 다양한 성분을 동시에 섭취하는 것이 좋다. 심지어 수분과 함께 오히려 약간의 소금을 먹는 것이 바람직하기도 하다. 이 논리를 활용하여 만든 것이 이온 음료이다.

마시면 빠르게 갈증을 해소해준다고 홍보하는 이온 음료는 순수한 물 이외에 몸이 필요로 하는 성분을 첨가하여 갈증 해결에 도움을 준다. 문제는 맛을 좋게 하기 위해 갈증 해

그림 6 | 무기질 첨가를 강조하는 다양한 이온 음료 제품

소와는 상관없는 당분 등의 성분을 첨가하는 데 있다.

그렇다면 염화나트륨을 구성하는 다른 원소인 염소는 몸 속에서 어떤 역할을 할까? 알칼리성인 나트륨과 반대로 산성인 염소는 단백질 성분을 급격하게 수축시키거나 단단히 굳게 하는 성질을 가지고 있어서, 영양분이 세포로 흡수되는 데 도움을 주지는 못한다. 하지만 산성의 성질은 위액의 주요 성분이 되는 염산을 만들어낸다. 펩신 또는 위산이라고 부르는 물질인데 염산을 주축으로 한 염화물 이온이다.

또한 염소는 췌장에서 십이지장으로 분비되어 탄수화물 소화를 도와주는 효소인 아밀라제의 원료가 되기도 한다. 그렇기 때문에 소금 섭취량이 부족하면 위에서 염산 농도가 묽어지거나, 탄수화물 성분이 제대로 분해가 되지 못하면서 소화가 잘 안 되는 증상이 나타난다.

다양한 무기물을
포함한 소금

소금을 만드는 바닷물은 80여 가지 이상의 다양한 무기 물질을 포함하고 있다. '무기 물질'은 다른 말로 '광물'이라고도 하는데, 우리에게는 '미네랄'이라는 용어로 더 친숙하다. 미네랄은 우리 몸에 존재하는 여러 원소 중 대부분을 차지하는 4종의 원소, 곧 탄소, 수소, 산소, 질소를 제외한 원소들을 말한다.

미네랄은 많은 양이 필요하지는 않다. 하지만 없어서는 안 되는 물질이다. 몸속에서 생리적 순환 과정인 삼투압 조절, 신경 전달, 단백질 기능 등에 영향을 주므로 부족하면 피로감, 통증, 불면증 등의 생리현상과 심할 경우 질병을 일으키기도 한다. 천일염을 섭취한다면 바닷물에 풍부하게 존재

표2 | 미네랄이 우리 몸에 미치는 주요 기능

성분	주요 기능
칼륨	나트륨과 조화를 이루어 전위차 생성 및 노폐물 배출, 근육 수축 기능 조절, 신경 작용
마그네슘	세포 신진대사 촉진, 근육 강화
칼슘	뼈 생성, 심장 기능 및 신경 활동 강화
브롬	피부 질환 예방
철분	혈액의 산소 수송, 면역력 증대
구리	생식 기능, 효소 활성 증대
아연	생식 기능, 식욕 영향
망간	단백질 합성 효소, 성장
요오드	갑상선 기능 유지

하는 나트륨, 마그네슘, 칼슘 이외에 다양한 미네랄을 공급 받을 수 있다.

사람들은 대부분의 미네랄을 식물을 통해 공급 받는다. 하지만 집약농업 방식에 의한 현대의 농산물은 화학 비료, 농약 등의 사용으로 원래보다 빠르고, 크게 성장하도록 유도되기 때문에 땅으로부터 흡수하는 미네랄 함량이 상대적으로 적다. 다시 말해 지금 우리가 먹는, 농경지에서 기술적으

로 재배한 농산물은 크고 신선해 보이며 생명 유지에 중요한 성분인 탄소, 수분, 질소 함량은 충분하지만, 자연에서 자란 동일한 종류보다 미네랄 함량은 부족한 상황이다.

이 같은 문제로 예전보다 충분한 양의 농산물을 섭취함에도 여러 가지 결핍 현상이 나타나고 있으며, 부족한 비타민과 미네랄 섭취를 위해 영양제 복용이 일상화하고 있다. 여기에 천일염을 섭취한다면 미네랄 보강에 한층 도움을 줄 수 있다.

소금과 함께한 역사

이미 언급했듯이 소금은 인간이 생존하는 데 중요한 역할을 하므로 반드시 섭취해야 하는 물질이다. 육식을 선호하는 사람은 동물의 살, 내장으로부터 일부 소금을 흡수할 수 있고, 맛을 위해 고기를 먹을 때 소금을 넣어 먹음으로써 소금 섭취 비중을 높이기도 한다. 하지만 채식주의자는 의무적으로 적정량의 소금을 섭취해야만 한다.

오래전 수렵과 채집 생활에서 농경 생활로 전환한 인간은 식물에 대한 의존도가 높아지자, 생리적 욕구를 충족할 소금을 찾게 되었다. 정착 생활로 인구가 증가하고 소금의 수요가 늘면서 차츰 그 가치도 커졌다. 농사로 남아돌게 된 식량은 교역과 상업 문화를 만들었고, 소금은 초기 교역에서 중

요한 물물교환 물품이 되었다. 사람들은 우선 자연적으로 노출된 소금 벌판이나 바닷가 해안에서, 또는 운이 좋아 찾게 된 암염 지대에서 소금을 확보하였다. 그리고 수요가 증가하면 그에 맞게 공급이 따라가는 것이 경제 원리이므로 바닷물을 증발시켜 소금을 얻기에 이른다.

소금은 인간의 역사에서 단순히 음식물로만 쓰인 것이 아니었다. 생활, 문화에서도 다양하게 쓰이면서 인류의 삶에 깊숙이 파고들었다. 소금 공급에 여유가 생긴 사람들은 소금을 교역의 대상으로 삼거나 다른 용도로 활용하기 시작하였다. 어쩌면 금은보화보다 소금이 먼저 화폐의 기능을 하였을지도 모른다. 생존의 필요성과 음식에서 '짠맛'에 대한 선호도 외에 또 다른 소금의 기능 등이 알려지면서 소금의 사용량은 점점 증가하였다.

고대 문명의 발상지도 소금과 연관성이 매우 높다. 문명은 사람이 모여 살 수 있는 곳에서 시작되었는데, 우선 식량과 물이 충분해야 하지만 소금 또한 중요한 요소였다. 고대 문명지에 대한 공통점을 분석해보면 의외로 다소 건조한 지역이 대부분이다.

이집트 문명의 발상지인 나일강 하구는 큰 강으로 인해 물

공급이 원활하고, 비옥한 토지가 형성되어 있는 건조 지역이다. 특히 주목할 만한 점은 강렬한 햇빛으로 강과 바다가 만나는 지점의 해변에서는 소금을 쉽게 발견할 수 있다는 사실이다. 내륙 문명지인 메소포타미아나 인더스강 주변 곳곳에도 소금으로 된 호수와 소금물이 흐르는 개천의 흔적이 여러 군데에서 발견되었다. 고대 황하 문명의 발상지가 위치한 중국 산서성 근처에도 해지(海池)라 불리는 커다란 소금 호수가 있다.

교역의 중심에서

초기에 소금은 우연히 발견된 암염이나 바닷가 근처의 소금 호수 등 한정된 지역에서만 얻을 수 있었고, 소금이 생산되지 않는 곳에서는 소금을 다른 물건과 바꾸어서 확보해야 했다. 지금도 아프리카의 에티오피아 등지에서는 소금 호수에 굳어 있는 소금 덩어리를 적당한 크기로 잘라서 낙타 등에 싣고 내륙 깊숙이 운반하여 거래한다. 인구 밀도가 증가하면서 도시가 형성되고, 결국 자본 중심의 사회가 되면서 소금 확보는 수익을 높이고 권력을 유지하는 데 중요한 수단이 되었다.

그림 7 | 에티오피아 다나킬의 소금 호수에서
소금 덩어리를 떼어 판매하려는 원주민들

  유럽에서 오래된 도시 중에 Hal(예: Hallstatt, 할슈타트)이나 Sal(예: Salzburg, 잘츠부르크), -wich(예: Nantwich, 낸트위치) 등이 이름에 들어가 있는 지역을 볼 수 있는데, 이러한 곳들은 소금 거래와 연관이 있는 장소이다. 심지어 소금이 노예 등 인신 매매 거래에서 지불 조건이 되었던 지역도 있었다.

  우리나라에도 소금을 의미하는 '염'에서 유래한 지역 이름이 제법 남아 있다. 서울의 강서구 염창동은 예전에 서해에서 생산된 천일염을 배로 싣고 와서 판매한 포구가 있던 곳이고, 마포구 염리동은 소금장수들이 많이 살았던 곳인데 당

시 서울에서 가장 큰 상업용 포구인 마포나루를 통해 들어온 소금들을 이곳 창고에 보관하기도 했다고 한다.

세금 징수 수단으로

고대 이집트를 포함해 여러 나라에서는 '염세(소금 세금) 제도'를 운영하였다. 기원전 2세기경 중국 한나라 무제는 지금의 담배와 인삼처럼 소금과 철을 함부로 거래할 수 없도록 전매(專賣)의 대상으로 하고 오히려 여기에 세금을 부과하기도 했는데, 세금을 낼 때 소금으로 납부하게 해서 백성들이 별도로 소금을 구매하느라 힘들어했다는 기록이 있다.

프랑스에서는 13세기에 필리프 4세가 재정 부족을 이유로 악명 높은 '가벨'이라는 염세 제도를 만들었다. 가벨은 하층민뿐만 아니라 소시민들에게도 가장 납부하기 힘든 세금 징수 제도였다고 하며, 프랑스 혁명의 발단이 되었다고 분석하는 역사학자도 있다. 18세기 프랑스에서 거두어들인 염세는 수출에 부과하는 세금 중 ⅓을 소금으로 받았다. 당시 시민들은 세금으로 내기 위해 소금을 비싼 가격으로 구입해야 하는 이중의 고통을 겪어야 했다. 일본에서도 1905년에 소금 전매법

을 실시하여 러일전쟁을 위한 전쟁 비용을 확보하였다.

우리나라에서도 소금은 역사적으로 중요한 국가 재정 수입원이었다. 고려시대에는 도염원(都鹽院)이라는 기관을 두어 국가에서 소금을 직접 관장하고 재정을 위한 대상으로 삼았으며, 충렬왕(재위 1274~1308년) 때에는 소금에 전매세를 부과하였다.

조선시대에는 해안가에 위치한 군대에 소금을 생산하는 공간(염장)을 설치하고, 생산된 소금을 백성들로부터 농산물이나 천으로 교환하도록 하였다. 일제 강점기에는 소금을 생산해도 자유롭게 판매를 할 수 없는 완전 전매제가 실시되었고, 1961년이 되어서야 전매업이 폐지되었다.

이와는 달리 로마시대에는 관리나 군인에게 봉급으로 소금을 지급한 일도 있었다. 봉급을 뜻하는 '샐러리(Salary)'는 라틴어로 '살라리움(Salarium)', 곧 소금에서 유래한다.

신앙의 중심에서

소금은 고대부터 '신성함', '청정'을 상징하는 대상으로 인식되었다. 소금의 상징성은 무엇보다도 기독교 신앙에서 찾아볼 수 있다. '깨끗하게 하는 힘', '성

스러운 힘', '사람과 하나님, 사람과 사람의 굳은 유대감을 나타내는 상징' 등으로 성서에 기록되어 있기 때문이다.

일부를 소개하면 여호와에게 제물로 바치는 수컷 소와 수컷 양에 제사장이 소금을 뿌리도록 지시하고(에스겔서), 하나님과 사람 사이에 영원히 변하지 않는 거룩한 인연을 '소금의 계약'이라 표현하였으며(민수기), '너희는 세상의 소금이니 소금이 만일 그 맛을 잃으면 무엇으로 다시 짜게 하겠느냐? 그런 소금은 아무 쓸 데가 없어 밖에 내버려져 사람들에게 밟힐 뿐이다(마태복음서)'와 같이 부패한 세상을 깨끗하게 하는 소금처럼 살라는 의미로 소금을 비유하였다.

이외에도 소금은 여러 민족에서 신성함을 표현하는 소재로 쓰였다. 필리핀에 사는 한 부족은 신생아가 태어나면 적은 양의 소금을 입에 넣었고, 팔라우 등 일부 태평양 섬나라에서는 갓 태어난 아이의 몸에 바닷물을 발랐으며, 인도차이나 부족 중에는 출산한 산모를 소금물로 씻겼다.

하지만 소금이 반드시 긍정적인 대상만은 아니다. 아프리카 델리족은 소금이 더러움을 전달한다고 하여 할례식(성인식) 기간 동안 소금을 쓰지 못하게 하였고, 고대 멕시코 일부 지역에서는 샤머니즘 행사에 소금을 금하였다. 아라비아반도

그림 8 | 출산 후 소금물로 씻는 모습(미크로네시아)

서북쪽에 위치한 사해는 물의 염분 성분이 너무 높아 도저히 먹지 못할 정도였기 때문에 주변에 살던 유목민들 사이에서는 죽음과 불모의 대상이 되기도 하였다.

조미료 기능

　　　　　　아마도 인류 최초의 조미료는 소금이었을 것이다. 사람들은 몸이 요구하는 염화나트륨을 '짠맛'에 대한 부담으로 그냥 먹기보다는 음식을 통해 섭취하는 방법을 터득하였다.

기원전 2500년 전에 원시인이 살았다는 벨기에의 동굴에서 발견된 토기에는 소금 성분이 곡물 가루와 섞여 있었다.

기원전 300여 년 전의 작품으로 알려진 고대 인도의 대서사시 「라마야나(Rāmāyaṇa)」에서도 소금과 후추를 음식물에 넣는 조미료로 묘사하였다.

소금은 조미료라 부를 만한 독특한 기능을 가지고 있다. 단순히 짠맛을 내는 것만이 아니라 다른 음식물과 섞이면서 맛의 변화를 일으킨다. 우선 장기간 음식을 보관하는 기능이 있다. 소금을 충분히 넣으면 음식이 잘 부패하지 않고, 발효 과정에서 색다른 맛을 낸다. 곧 소금을 넣어 절임으로써 새로운 음식물을 탄생시킨다. 이것이 우리가 흔히 '장'이라 부르는 보조 음식물이다.

장에는 매실초와 같이 열매를 발효시켜 신맛을 돋우는 초장(醋醬), 된장이나 간장처럼 곡식을 발효시켜 만든 곡장(穀醬), 물고기가 부패하는 것을 막기 위해 만든 액젓과 같은 어장(魚醬), 육류를 장기 보관하는 과정에서 만들어진 육장(肉醬) 등이 있다.

이렇게 소금을 첨가하여 만든 장은 주로 아시아에서만 사용하는 독특한 음식 문화로 아는 사람들이 많지만, 고대 로마에서도 '가람'이라 불린 생선의 액즙이 매우 인기 있는 조미료로 사용되어 시장에 전문적인 제조 공장까지 운영되었다.

보존제 역할

　　　　　　고대 이집트에서는 미라를 만들 때 시신을 오래 보존하고, 썩는 것을 막기 위한 방부제로 소금을 사용하였다. 실제로 오스트리아의 할슈타트산 지하 300미터 암염 동굴에서 기원전 1000년 전 사망한 원시인이 당시의 모습을 간직한 미라 형태로 발견되었다. 이러한 사실은 보존제로서 소금의 가치를 증명한 사례이다.

　우리나라에서도 보존을 위한 수단으로 소금을 사용한 예가 있는데, 바로 팔만대장경이다. 대장경의 경판으로 바닷물에 오랜 기간 담근 다음 말린 목재를 쓴 것이다. 하지만 이보다 더 놀라운 것은 팔만대장경을 보관하고 있는 해인사의 수장고 밑 땅속이었다. 바닥이 일정한 두께의 소금으로 다져진 상태로 있었다. 이러한 방법이 팔만대장경을 1000년 이상 흠 하나 없이 보존할 수 있게 한 것이다.

　최근 들어 이 같은 방식을 응용한 건축 내장재로 소금 제품이 개발되고 있다. 물론 엄청나게 비싼 고급 마감재 중 하나이다. 소금의 흡수성을 이용하여 건물에 차오르는 습기를 방지함으로써 집 안의 공기를 쾌적하게 만들고 숙면을 취할 수 있게 해준다고 한다.

신뢰의 상징이자
중요한 의례품으로

그리스·로마 사람들은 변하지 않는 소금의 성질 때문에 '우정, 신뢰'의 의미로 친한 사람들에게 소금을 선물하였다. 이방인을 환대할 때에는 문 앞에 놓인 탁자 위에 동맹과 우애의 표시로 빵과 소금을 놓았다. 아라비아, 인도에서도 '신뢰'의 상징으로 친족이나 부족 사이에 답례품으로 소금을 전달하였다.

소금은 의식에서도 중요하게 쓰인 물품이었다. 고대 로마인은 신에게 드리는 공물로 소금을 사용했고, 기독교에서는 세례나 의식에 소금을 이용하였다. 심지어 샤머니즘의 전통에도 주술사가 제사 과정에서 소금을 다량으로 섭취하였다는 기록이 있다.

또한 소금은 부정을 없애는 상징적인 의례로 사용되기도 하였다. 우리나라에서도 장례식장에 다녀오거나 집에 나쁜 기운이 있으면 몸에 소금을 뿌리는 전통이 있다. 한편, 아이가 오줌을 싸면 키를 씌운 채 소금을 얻어 오게 하는 풍습에도 아이에게 창피함을 느끼게 하여 나쁜 버릇을 고치려는 의미가 있다고 한다.

약으로

       소금이 약으로 쓰였다는 기록은 여러 나라에서 발견되고 있는데, 고대 인도의 의학 경전인 『차라카삼히타(Charaka-Samhita)』나 중국의 『황제내경』에는 소금으로 병을 고치거나 의료 행위를 한 내용이 나와 있다. 로마시대에는 뱀에게 물렸을 때 또는 벌에게 쏘이거나 전갈에 찔렸을 때 소금을 치유제로 썼다. 또 사람 몸속에 사는 기생충을 없애기 위해 소금을 진하게 타서 마시게 하는 등 구충제로도 사용하였다.

  중국 명나라의 이시진이 편찬한 약초 전문 연구 서적인 『본초강목』에는 소금이 '달고 짜며, 독이 없다. 위와 명치가 아픈 것을 치료하며, 담과 위장의 열을 내리게 하고, 복통을 그치게 할 뿐 아니라 독기를 죽이며, 뼛골을 튼튼하게 하고 묵은 음식을 소화시킨다. 또한 음식을 촉진하고 소화를 도우며, 답답한 속을 풀고 부패를 방지하며, 피부를 보호하고 대소변을 통하게 한다. 소금으로 눈을 씻으면 잔글씨를 보게 된다'고 하였다.

  조선시대의 학자 김희선이 편찬한 의학 서적 『향약제생집성방』에는 소금에 대하여 '맛이 짜고, 따뜻하며 독이 없다.

기골을 견고하게 하고, 악물을 토하거나 설사하게 하고, 살충하고 눈을 맑게 하여 오장육부를 조화하고, 묵은 음식을 소화시켜 사람을 건강하게 한다'고 기록하고 있다.

의학자 허준이 편찬한 『동의보감』에서도 소금에 대해 기술하였다. '본성이 따뜻하고 맛이 짜며, 독이 없다. 심복의 긴급한 통증과 하부의 익창(찔린 상처)을 고치고 미각을 도우나, 많이 먹으면 폐가 상한다'고 하였다.

조선시대의 후기 실학자인 이규경은 백과사전 같은 『오주연문장전산고』에서 소금의 종류를 재미있게 나열하였는데, '대나무, 은행잎, 밤나무, 박달나무 등과 함께 고온에서 구워 채취하는 소금은 초염이라 하여 간장(간 기능), 혈액에 효과가 있고, 지렁이, 지네, 거머리, 전갈 등 곤충에서 뽑아낸 소금을 반염이라 하여 뇌와 신경 질환에 효과가 있으며, 오리, 닭, 개, 염소 등 동물의 피에서 채취한 소금을 기염이라 하여 장 질환, 관절염, 신경통에 효과가 있다'고 소개하였다.

소금은 복용하는 것 외에 몸에 바르면 수분을 배출시켜 열을 떨어뜨리는 효과가 있다. 온도가 높지 않아도 땀이 나게 하는데 찜질방이나 사우나에서 간혹 볼 수 있는 '소금방'이 이런 원리를 응용한 것이다.

죽염

　우리나라에서 오래전부터 생산해온 가공 소금이다. 대나무 통에 천일염을 채워 넣고 고온에 아홉 번 구워 만든다. 각종 염증이나 소화계 치료에 높은 효능을 가지고 있다고 전해지며, 일본과 미국에서도 죽염을 우수한 식용 소금으로 인정하고 있다. 특히 천일염을 굽거나 고온으로 가공한 경우 납과 카드뮴 등 일부 중금속이 감소했다는 연구 결과가 있다. 특이할 점은, 천일염은 고유의 결정 구조가 정육면체이지만 죽염은 여러 차례 높은 열로 가공됨으로써 결정 구조가 둥근 형태를 보인다.

▶ ▶ ▶ **제조 과정**

1.　오래 보관하여 간수를 제거한 천일염을 대나무 통에 담는다.

2.　천일염을 담은 대나무 통을 강철로 만든 가마에 넣고 소나무 땔감으로 불을 땐다.

3.　3~4시간 구우면 대나무는 타서 재가 되고 소금 기둥만 남는데, 이것을 꺼내어 곱게 부순다.

그림 9 | 죽염 제조

4. 곱게 부순 소금을 다시 대나무 통에 담고 동일한 방법으로 총 8회 반복한다.

5. 마지막 9회째에는 대나무 입구를 황토로 막은 뒤에 굽는다.

6. 화로에 송진을 부어가며 순간적으로 가마의 내부 온도를 1600도 이상으로 올린다. 고열로 녹아내린 소금을 강철 통에 담아 식히면 단단한 덩어리가 된다.

7. 식힌 소금 덩어리를 적당한 크기로 부수거나 분말로 만든 것이 죽염이다.

3장

소금 생산

채집과 수렵 사회에서 식량을 생산하는 농업 사회로 전환된 일은 인간에게 '문명'을 이루는 기초가 되었다. 작물 재배 기술을 터득한 것이 먼저인지 아니면 지속적으로 식량 생산이 가능한 공간을 찾은 것이 먼저인지는 알 수 없지만, 아무튼 인간은 정착 생활을 시작하였다. 그리고 잉여 식량이 생기면서 이를 보관해야 하는 기술도 필요해졌다.

소금이 단지 생리적인 요구를 위한 물질에서, 부패를 방지하고 저장 기간을 연장하는 수단, 심지어 질병을 치료하는 약에 이르기까지 다양하게 쓰이기 시작한 것도 농경 사회가 구성된 이후일 것이다. 결국 이러한 소금의 용도는 수요를 증가시켰고, 확보를 위한 경쟁 대상으로 만들었다. 소금

의 가치가 커지면서 암염이나 해안가에 응고된 소금을 찾아 다니기보다는 직접 소금을 만드는 단계로 이어졌다.

언제부터 인간이 소금을 생산했는지는 정확히 알려져 있지 않다. 다만 지금 전 세계의 소금 생산량은 일 년에 2억 톤 정도이고, 일 년에 100만 톤 이상의 소금을 생산하는 나라는 7개국에 불과하다. 미국이 가장 많이 생산하고 있으며, 다음으로 중국, 독일, 인도 순이다.

현재 생산되는 소금의 70퍼센트가 암염이고, 30퍼센트만이 바닷물을 인위적으로 정제하는 방식으로 공급한다. 또한 전체 소금 생산량의 15퍼센트 정도에 해당하는 3천만 톤 정도가 식용이나 동물 사료용으로 이용된다. 그나마 인스턴트 식품의 발전으로 소금 소비량이 다소 증가하였지만, 전체 생산된 소금에서 우리가 섭취하는 양은 생각보다 적은 편이다.

육지 소금 채취

육지에서 이루어지는 소금 채취는 아마도 땅 위에 노출되어 있는 소금 벌판(물이 증발하여 소금만 남은 호수), 지각 위로 노출된 소금 바위, 바닷가에 응고된 침전물을 사용한 것이 시작일 것이다. 노출된 소금 바위를 채취하면서 점차 광맥을 따라 파내는 방식으로 소금을 따라 지속적으로 파냈을 것이다.

오스트리아의 할슈타트 소금 광산에서는 청동기시대에 사용한 도구가 소금 광산 안에서 발견되었다. 독일 슈트라스부르크 소금 광산에서는 지금도 연간 40만 톤의 소금을 채취하고 있는데, 소금 광맥을 따라 지하 740미터까지 채굴을 진행하고 있다.

소금 광맥은 주로 퇴적암층에 형성되어 있어 지형이 단단

하지 않은 편이다. 소금을 채취하는 과정에서 간혹 지반 침하가 발생할 수 있기 때문에 독일에서는 지표에서 400미터까지는 물을 부어 염분을 채취하는 용해 채광법의 사용을 금지하고 있다.

광산에서 채취된 소금은 천연 그대로 사용하기도 하지만, 대부분 순수한 염화나트륨만을 추출하기 위해 몇 단계의 공정 과정을 거친다. 특히 식용으로 사용하는 소금은 채취 후 다시 물에 녹인 다음 제재염 과정을 통해 정제한다.

세계적으로 유명한 암염 생산지를 소개하면, 앞에서도 언급했지만 우선 폴란드의 비엘리치카 소금 광산을 들 수 있다. 소금 광맥이 무려 10킬로미터에 걸쳐 있고, 광맥의 두께는 500~1500미터에 이른다. 14세기부터 본격적으로 소금을 생산했는데, 당시에는 국가 재정의 ⅓을 소금 판매로 충당할 정도의 규모였다. 이제껏 캐낸 소금의 양이 7500만 톤에 이른다.

지금도 소금을 생산하고 있지만, 소금 판매보다는 이곳의 소금 광산을 보기 위해 방문하는 연간 70만 명의 관광 수익이 더 큰 비중을 차지한다. 폴란드 정부에서는 이러한 점을 감안해 감마선 치료, 몸속 수분 배출을 통한 건강 프로그램

그림 10 | 관광지로 개발된 비엘리치카 소금 광산의 갱도 모습

이 갖춰진 소금 호텔 등 관광 소재를 발굴하고 소금을 첨가한 식품을 개발, 판매하고 있다.

오스트리아의 할슈타트 소금 광산도 기원전 5000년 전부터 소금을 생산한 지역으로 유명한데, 1965년 폐쇄되었다가 최근에 관광 사업과 연계하여 연간 1만 톤 전후의 소금을 다시 생산하고 있다.

소금 광산의 갱도 안은 지상보다 세균이 적고 음이온이 높다는 점을 강조하여 알레르기와 폐질환을 치료하는 요양원이 들어서기도 하고, 산업 폐기물이나 핵폐기물을 저장하는 공간으로 재활용되기도 한다. 광산에서 소금을 채취할 때는

결정체 덩어리를 찾아 캐기도 하지만, 광산 주변을 흐르는 지하수 또는 지상으로 용출하는 광천수처럼 소금 성분을 가진 물을 이용하기도 한다.

고대 바빌로니아 지역이나 중국 진나라의 사천성에서는 소금물이 나오는 우물이 있었다고 전해지며, 페루의 살리나스(Salinas) 지역은 3000미터 고지대에 놀랍게도 안데스산맥에서 내려오는 지하수가 암염 지대를 통과하면서 생긴 소금물 개천을 근처에 두고 있었다. 당시 이 지역에는 문명을 이룬 잉카제국이 위치해 있었다. 잉카인들은 소금물을 모아 수분을 증발시키는 방법으로 소금을 생산하는 터를 건설하였

그림 11 | 페루의 살리나스 염전

다. 중국의 자공 지역도 바다로부터 1000킬로미터 떨어진 내륙 도시이지만, 지하 100미터 암염층에 관을 삽입하여 고압수를 넣고 소금을 녹인 다음 지상으로 소금물을 퍼 올린다.

땅속에서 소금 광맥을 찾아 채취하는 것보다 더욱 간단한 방식은 당연히 지각 위에 나와 있는 소금을 채취하는 것이다. 주로 소금 호수에 노출된 소금이나 아직 완전히 건조되지 않은, 염도가 높은 물을 가공하여 생산하는 소금이다. 소금 호수는 의외로 많이 존재한다.

대표적인 소금 호수로는 미국 유타주의 그레이트솔트호(Great Salt Lake)를 들 수 있는데, 오목한 분지 형태의 거대한 내륙호이다. 염도가 바닷물보다 훨씬 높은 17~20퍼센트로 세계에서 소금기의 정도가 가장 높다. 바닥에 쌓여 있는 소금의 양은 약 60억 톤에 이르며 황산염, 칼륨 성분도 많이 들어 있어서 비료 등 무기질 공급 원료로 사용되고 있다.

물속에는 일부 호수 표면에서 살아가는 갑각류만 서식할 뿐 어류는 살지 않는다. 비가 와서 염분 농도가 낮아지면 작은 갑각류인 윤충류가 번성하는데, 다시 건조한 날씨가 이어져 호수 물이 증발해 염도가 높아지면 성장을 멈춘다. 이때 윤충류는 애벌레가 고치를 만들 듯이 몸을 껍질로 덮어 소금

이 침전된 수심이 얕은 호수 바닥에서 비를 기다린다. 그레이트솔트호에서 굳어진 소금을 채취하면 작은 갈색의 좁쌀 가루 같은 것이 섞여 있는 것을 볼 수 있고, 이 소금을 물에 녹이면 윤충류가 서서히 꿈틀대는 것을 관찰할 수 있다. 그래서인지 그레이트솔트호의 소금은 그 자체의 가치보다 윤충류 생산으로 더 유명하다. 이 호수의 소금에서 선별된 윤충류 알은 양식장이나 어항에서 갓 부화한 어린 물고기에게 먹이생물로 판매된다.

미국 서부의 모하비 사막 북쪽에도 데스밸리(death valley)라는 소금 호수가 있다. 낮 기온이 섭씨 56도에 이르러 세계에서 3번째로 높은 기온을 기록했던 곳이다. 지각 변동으로 바다였던 지역이 호수가 되었고, 지속적인 증발로 바다 수위보다 80여 미터가 낮은 바닥까지 거의 다 메말라서 소금이 판 모양으로 노출되었다가 비가 오면 일부 지역이

그림 12 | 계속되는 증발로 바닥이 드러난 미국 캘리포니아 데스밸리의 소금 호수

그림 13 | 소금 덩어리들이 하얗게 형성된 사해의 가장자리

다시 질퍽한 소금 호수로 변한다.

소금 호수 중에 이스라엘의 사해(死海, Dead Sea)는 기독교 성지가 근처에 있어서 잘 알려진 장소이다. 수면이 평균 해수면보다 400미터 정도 낮아 지표에서 최저점에 위치한 호수라고 할 수 있다. 약 400만 년 전에 따뜻한 기후로 인해 지중해 바닷물이 흘러들어서 호수가 형성된 것으로 추측된다.

지금도 요르단 등 주변에 연결된 강으로부터 담수가 흘러들지만 지속적인 증발로 수위가 유지되고 있다. 염도가 바닷물보다 8~10배 높아서 물속에 생물이 전혀 살지 못한다. 호수는 유난히 나트륨이 적고, 염소 이온, 마그네슘, 칼슘, 칼

륨의 함량이 높아 짠맛보다는 차라리 쓴맛이 강하다. 그리고 너무 높은 염도 탓에 현장에서 소금물을 맛보는 것을 절대 금지하고 있다.

사해에서도 관광 상품이나 종교적 의미로 소금을 생산하는데, 자연에서 결정체를 채취하기보다는 소금물을 가공하여 먹을 수 있도록 상품을 개발하고, 목욕제나 건강용품으로 가공하여 판매한다.

천일염 생산

바닷물을 가두어 천일염을 생산하는 것은 사람이 직접적으로 소금을 생산하는 기술일 것이다. 언제, 어디서 처음 천일염을 생산했는지에 대한 최초의 기록은 아직 찾지 못했지만, 나라마다 또는 지역마다 천일염과 관련한 오래되고 다양한 흔적들이 남아 있다.

중국은 기원전 500년쯤 양나라 도홍경이 저술한 『신농본초경』에 바닷물을 끓여서 소금을 얻었다는 기록이 전해진다. 프랑스의 대서양 연안에 위치한 지역에서는 이보다 앞선 기원전 800년경에 바닷물을 농축한 다음 끓여서 인위적으로 증발시킨 뒤 소금을 채집한 유적이 발견되었다. 로마시대 유적에서는 소금을 생산한 것과 같은 모양의 가마가 20개 이상

발견되었다. 기원전 700년경 로마의 4대 황제인 마르티우스 황제는 지금의 로마에서 가까운 오스티아(Ostia) 항구 주변에 염전을 만들었고, 로마까지 소금을 운반하기 위해 도로를 건설하였다. 이 도로는 지금까지도 '소금길(Via Salaria)'이라 불리고 있다.

이후 로마는 물자 수송을 위한 도로와 물 공급을 위한 수로를 건설하여 주요 도시를 연결했는데, 로마를 중심으로 중앙 유럽에서 영국에까지 이어졌다. 도로 건설에는 노예뿐 아니라 일반 병사와 시민들이 많이 참여했으며, 앞서 2장에서 언급한 것처럼 'salary'라는 말도 이즈음에 유래된 듯하다.

초기에 생산된 천일염은 바닷물을 가두고 증발시켜 얻기보다는 솥에 바닷물을 끓이는 인위적 증발 방식을 사용하였다. 10세기의 것으로 추측되는, 지금과 유사한 염전 구조를 가진 천일염 생산 지대가 이탈리아의 시칠리아섬에서 발견되었고, 16세기에는 광물학자인 게오르기우스 아그리콜라 (Georgius Agricola)가 제염법에 관련된 기록을 남겼다. 당시 프랑스와 포르투갈 등 지중해 연안에서는 천일염 생산이 성행하였는데, 생산량도 전체 유럽에 공급될 정도였다.

지중해 연안 지역은 여름에 기후가 건조하여 천일염 생산

에 적합한 날씨를 가지고 있는 반면, 영국이나 네덜란드, 스칸디나비아 등 북유럽 지역은 습하고 비교적 비가 많이 와서 염분이 스며든 펄(이탄)을 큰 솥에 졸여 소금을 만들어내는 방식을 사용하였다. 한편, 러시아나 스웨덴과 같이 추운 지역에서는 바다가 얼었을 때 얼음 아래 부분만 떼어내 솥에 졸여서 소금을 만든 기록이 있다.

현재 주요 천일염 생산 국가는 호주, 멕시코, 미국, 이탈리아, 프랑스, 중국 등 일 년 내내 강수량이 적은 지역이다. 우기가 없는 멕시코나 호주의 염전에 바닷물을 높은 수위로 채운 후 오랜 시간 방치해두면, 증발되는 과정에서 순도가 높고 심지어 크기가 자갈만 한 천일염 결정이 생성된다. 호주 염전의 경우 60센티미터 이상의 깊이로 바닷물을 가둔 후에 1~2년 동안 방치한다. 그러면 바닷물이 증발해 10센티미터가 넘는 두께의 소금 블록이 형성되는데, 규모가 너무 커서 우리나라같이 써레질로 침전된 소금 결정을 모으는 것이 아니라 트랙터로 긁어내는 방식으로 천일염을 채취한다.

호주, 멕시코 등 대규모 염전에서 생산되는 천일염의 양이 전 세계 천일염의 약 37퍼센트를 차지한다. 특히 이 지역의 천일염은 염도가 98~99퍼센트로, 바닷물이 서서히 증발

되는 과정에서 미네랄이 포함된 염 물질이 펄 바닥으로 스며들어 미네랄 성분이 거의 없기 때문에 정제염과 별 차이가 없다. 성분 또한 알칼리성이며, 백색 광택이 나지만 암염과 비교하면 수분 함량이 다소 높고 다른 성분의 화합물이 섞여 있는 상태이다.

천일염 생산 방법

천일염 생산은 단순하게 바닷물을 증발시키는 일로 알고 있겠지만 생각보다 훨씬 복잡하고 해야 할 일이 많다. 물을 가두어 증발하기만을 기다리는 방식은 멕시코나 호주와 같은 일부 지역에서만 가능하다. 천일염을 제조하는 가장 일반적인 방식을 정리하면 오른쪽과 같다.

천일염 생산 기간은 날씨와 환경 조건에 따라 좌우된다. 멕시코나 호주 등지에서는 결정지에서 일 년 정도 방치하는데 비해 우리나라에서는 날씨 변화가 심한 탓에 바닷물을 염전에 장시간 보관하지 못하고 거의 매일 증발지에 공급된 바닷물을, 완전히 증발하지 않았어도 모두 수거하여 다음 날 아침에 다시 증발지로 옮겨 증발시킨다. 마지막 증발 단계인 결정지에 가두어둔 높은 염도의 물도 수심을 낮게 하여 증발

천일염의 제조

저수지를 만들어 바닷물을 들인 뒤
불순물 침전

➡ 증발이 진행된 바닷물을
　제1 증발지로 이동
　(유입한 원수의 염도를
　0.3~0.8%로 증대)

➡ 제2 증발지로 이동
　(유입한 원수의 염도를
　0.9~1.5%로 증대)

➡ 결정지로 이동하여
　소금 생성(염도
　1.6~2.5%로 결정체 유도)

➡ 소금 결정 수거

➡ 소금 창고나 야적지 보관
　(15일 정도 자연 탈수)

➡ 판매

그림 14 │ 천일염 생산 모식도

되는 수분의 양을 최소화한다. 아침에 결정지로 이동한 농축된 물에서 침전된 덩어리는 저녁에 바로 수거한다. 곧 소금을 수확하는 것이다. 하루 만에 결정을 만들어내야 해서 소금의 결정체는 크기가 작고 수분 함량이 높다.

우리나라와 같이 갯벌에 염전을 만들어 천일염을 생산하는 국가는 프랑스, 포르투갈, 중국, 베트남 등으로 한정되어 있으며, 단위 면적 대비 생산량도 적은 편이다. 갯벌을 통해 바닷물을 공급 받아 천일염을 생산하는 경우 염화나트륨의 농도는 대략 90퍼센트 내외이고, 지역에 따라 펄 속에 남아

그림 15 | 염전에서 천일염을
수확하는 모습(베트남)

그림 16 | 플랑크톤에 의해
갈색을 띤 천일염(베트남)

그림 17 │ 갯벌 해안에 위치한 천일염 생산 지역(베트남).
생산량이 많아서 소금이 노천에 방치되어 있다.

있는 무기물에 의해 색이 달라지기도 하고 맛도 다양해진다.

양질의 천일염을 생산하기 위한 조건은 우선 강수량이 적을 것, 기온이 높을 것, 공기가 건조하고 깨끗할 것, 일정하게 바람이 불 것, 바닥이 점토질일 것, 지형이 평탄하고 해안에 위치할 것, 주변에 강이 없을 것, 천일염이 무게에 비해 부피가 크므로 운송 경로가 원활하고 저렴할 것, 값싸고 풍부한 노동력이 있을 것 등이다.

하지만 우리나라는 강수량이 많은 데다(1200mm/년 내외) 강우 횟수도 연 80일에 이르고, 바람과 기온이 다양한 사계절이 있으며, 바다로 연결된 하천이 많아서 강수량에 따라 해안가 바닷물에 민물에 섞이는 경우가 빈번해 천일염 생산에

불리한 조건이다. 소금을 생산할 수 있는 시기도 4~10월(약 7개월)에 불과해서 계절별로 4, 5, 6월에 연간 생산량의 60퍼센트, 장마 이후 7, 8, 9, 10월에 40퍼센트가 생산되고 있다. 다만 천일염 생산지가 갯벌 주변에 위치하여 천일염 성분에서 미네랄 함량이 높고 다양하다는 것이 유일한 장점이다.

전 세계에서 유명한 갯벌 천일염 생산지로는 단연 프랑스의 게랑드(Guérande)를 꼽는다. 연간 1만 5000톤 정도의 소금을 생산하는 프랑스 서남쪽 게랑드 반도에 위치한 염전으로,

그림 18 │ 게랑드 염전(프랑스)과 세계 최고가로 팔리는 게랑드 소금(원 안)

전통적인 기법을 고수하여 맛과 품질을 최대한 유지하고 있다. 게랑드 천일염의 가장 큰 특징은 염화나트륨 외에 미네랄 성분이 풍부하고, 특히 마그네슘이 많이 포함되어 있다는 것이다. 또한 바닷물에 '듀나넬라'라는 플랑크톤이 포함되어 있어 붉은색을 띠는데, 건조 과정을 거치면서 밝은 회색이나 갈색을 유지하고 은은한 제비꽃 향을 낸다.

게랑드 염전은 점토질로 다져진 바닥에서만 소금을 만든다. 증발지에서 고염으로 함축된 물도 펌프 등의 기계 대신 중력이나 나무로 만든 수차를 이용하여 자연스럽게 흐르게 하고, 완전히 태양과 바람만으로 증발시킨 제품을 생산한다. 천일염을 수확한 후에는 별도의 세정 과정을 거치지 않으며, 도구나 이동 수단에서도 대부분 화학 제품이 아닌 목재 도구를 사용한다.

규모에서 세계 최대인 천일염 생산지는 호주의 댐피어 (Dampier) 염전일 것이다. 댐피어는 대륙 남서쪽에 위치한 도시 퍼스에서 북쪽으로 1300킬로미터에 있는 지점으로, 열대 인도양과 접해 있으면서 덥고 건조한 대륙 기후의 영향으로 일 년 이상 바닷물을 가두어놓았다가 수분이 모두 증발하면 수확한다. 증발지에 가두어놓은 바닷물도 우리나라 염전에

비해 거의 4배나 높은 60센티미터 정도의 물 높이를 유지하고 오래도록 충분한 증발 기간을 거치기 때문에 천일염이 입자 모양이 아닌, 소금 호수에서 생산되는 것과 같은 블록 형태를 이룬다.

댐피어 염전은 일본에서 개발했는데, 1960년대 후반에 화학공업이 발달하면서 공업용 소금이 부족할 것을 예측해 호주에 대규모 염전을 조성한 것이다. 생산된 천일염은 대부분 염화나트륨 농도가 95퍼센트 이상이며, 더욱 중요한 것은 생산할 때마다 염화나트륨 농도의 변화가 거의 없다는 것이다. 이는 동일한 제품을 생산하는 원료로 사용될 경우 제품의 질을 일정하게 유지할 수 있다는 뜻이다.

우리나라 천일염의 경우 매년 불규칙한 기후의 영향으로 원료가 되는 바닷물의 농도가 일정하지 않아, 생산된 천일염의 맛에서 미세한 차이가 날 수 있다. 특히 라면 스프와 같이 소금이 제품의 맛을 결정하는 식품에서는 우리나라 천일염 사용은 부담이 될 수 있다. 아시아에서 생산되는 유명한 가공식품, 예를 들면 라면에 들어가는 스프, 스낵, 양념 등은 대부분 호주 천일염을 사용한다.

우리나라의 소금 생산 역사

우리나라에는 암염 광산도, 소금 호수도 없다. 사계절이 뚜렷해 매월 기상 변화가 크고, 강수량이 높은 장마기와 겨울철 결빙 시기가 있어 일 년에 7개월 정도만 천일염 생산이 가능하다. 이러한 원인으로 오래도록 염전에 방치해야 하는 증발 시간을 유지하지 못해 소금 결정체 크기가 작다. 염화나트륨의 농도도 낮아서 약알칼리성을 나타낸다. 그런데도 농업 중심의 사회에서 농산물이나 식품을 보관하기 위한 소금의 수요는 매우 컸으므로 필요한 소금을 직접 생산할 수밖에 없었다.

중국 전국시대 위나라의 재상이었던 공빈(약 2300년 전)은 우리나라를 동이(東夷, 예전에 중국이 동쪽에 사는 소수 민족을 부르

던 말)라 칭하면서 소개한『동이열전』에, '동이에는 소금과 철이 생산되지 않아 나무를 태워 재를 만들고 물을 부어 즙을 받아서 먹는다'라고 독특한 소금 생산 방법을 소개하였다. 시대를 계산해보면 아마도 청동기 문명을 지닌 고조선 때였던 듯한데 아직 염전은 생각하지 못한 것 같다. 조선시대「중종실록」에는 '함경도는 소금이 귀한 곳인데 소금이 동이 나서 바닷물을 길어다 마시거나 해조류를 태워서 먹고 있다'라고 기술하였다.

소금은 내륙 지역에서 더욱 절실하였다. 고구려를 세운 주몽이 중국 한나라에서 소금을 통제하여 부족국가였던 부여를 압박하자 중국 내륙의 소금산까지 가서 대량의 소금을 얻어 왔다는 일화가 있다. 이 일로 훗날 주몽이 주변 백성들로부터 고구려 건국의 발판이 되는 신임을 얻었다고 전해지고 있다.

20세기 이전까지 우리나라의 천일염 생산은 전통적으로 바닷물의 염도를 높인 다음 그 물을 끓여서 만드는 방식을 이용하였다. 곧 해안가의 갯벌을 도구로 갈아 염분이 달라붙는 흙을 모으고, 여기에 바닷물을 부어 염도를 높인 뒤 끓이는 방식이다. 조선 후기에는 아예 제방을 쌓아서 마치 '염

전'과 같은 모습을 갖추었지만, 자연 증발 방식이 아니고 펄을 지속적으로 뒤집어 염분의 농도를 최대한 유지하면서 최종적으로 가마에서 증발시켜 소금을 생산하였다. 이는 펄을 뒤집어야 하고, 여름에도 불을 때고 휘저어 소금 결정을 만들어내야 했으므로 그 어떤 일보다 힘든 노역으로 알려졌다. 소금을 생산하는 사람을 '여맹'이라 불렀는데, 가장 천한 노예 신분이 담당하였다.

갯벌이 없고 해안선 대부분이 모래나 바위로 이루어진 동해에서는 갯벌을 이용하는 방식으로 소금을 생산할 수가 없었다. 이에 주로 바닷물을 직접 끓여 소금을 얻는 방식을 이용했으나, 연료 소모가 너무 커서 소금 생산에 어려움을 겪었다는 내용이 기록으로 남아 있다. 일부 지역에서는 바닷가에서 육지로 도랑을 내어 해수를 끌어들인 다음, 이를 평평하게 다진 바닥에 부어 염전과 유사한 구조를 만들었다. 하지만 마지막에는 결국 물을 끓여야 했기 때문에 역시 많은 양의 땔감과 가마, 가마집이 있어야 한다는 점이 결정적인 한계였다.

제주도에서도 소금은 귀한 재료였다. 해조류를 태워서 소금을 얻다가 조선 명종 때 부임한 강려 목사가 당시 구엄마

그림 19 | 제주도 해안가 바위에 만든 염전

을(지금의 애월읍 부근)에서 움푹한 바위에 바닷물을 부어 말리는 방식을 장려하여 해안가 바위에서 소금을 생산하였다. 주민들은 이곳을 '소금빌레'라고 불렀는데, 1950년대까지 약 400년 동안 지속되었다.

본격적인 천일염 생산

지금처럼 갯벌에 넓게 펼쳐진 염전에서 천일염을 생산하는 방식은 역사가 오래되지 않았다. 1907년, 현재의 인천 주안에서 일본인 사업가가 처음으로 천일염

을 생산하는 염전을 만들었다. 당시에도 소금은 고부가가치 생산품이어서 염전은 경기도를 중심으로 황해도, 평안도 지역으로 확장되었다. 경기도나 황해도 지역으로 염전이 확장된 까닭은 인천에 물류 이동이 원활한 대형 항구가 있고 한강, 예성강, 임진강을 통해 육지 깊숙이 소금을 운반할 수 있었기 때문이다. 특히 접근이 용이한 서울과 평양이 천일염을 거래할 수 있는 큰 시장이었다.

하지만 1948년 남북이 분단되면서 남한의 소금 공급량이 심각하게 부족해졌다. 그 대안으로 개발된 곳이 전라남도 신안이었는데, 현재 신안에서 생산되는 천일염이 우리나라 천일염 생산량의 91퍼센트에 이른다. 한국전쟁 이후 경제기반이 없던 때에 소금 사업은 큰 수익을 가져다줄 것으로 생각되어 그 면적이 급속하게 확대되었고, 공급이 크게 늘어 1960년대에는 과잉 생산을 하게 되었다. 공급량이 증가하자 1962년, 정부는 소금 전매제도를 폐지하고 1992년에는 우리나라 염전에서 생산하는 소금을 식용이 아닌 공업용 광물로 분류하였다. 아마도 소금의 수요가 식용보다는 공업용으로 쓰임이 많았던 것이 원인인 듯하다.

더욱 심각했던 결정은 1997년에 소금을 수입 자유화 품목

으로 지정하여 소금 시장을 개방한 것이다. 이로써 천일염 기반의 소금은 광물로 전락하면서 전통적으로 소금이 많이 필요한 식품과 소금 가공품 개발이 어렵게 되었고, 가격 경쟁이 될 수 없는 저렴한 소금이 수입 개방으로 인해 대량 반입되었다. 베트남이나 중국에서 수입되는 소금의 경우 가격이 국내 판매가의 30퍼센트에도 못 미쳤으며, 염화나트륨 함량도 높았다. 심지어 선진국에서 생산되는 것이라 가격이 비쌀 것으로 생각했던 호주 천일염도 국내산보다 가격이 저렴하였다.

산업 발달로 소금 수요가 증가할 것이라는 예측이 빗나가면서 전라남도는 높은 생산단가로 인한 판매 부진 상황이 계속되어 과잉 생산에 직면하였고, 이는 지역 경제에 심각한 문제를 초래하기 시작하였다. 결국 2005년부터 정부는 천일염 생산 공간을 줄이도록 염전 사업 축소를 유도하는 특별 지원금 제도를 시행하고 일정량의 소금을 정부에서 구매하였다. 2008년부터는 천일염을 고부가가치 상품으로 유도하기 위해 광물에서 식품으로 품목을 다시 변경하였다.

2016년 우리나라 천일염 생산 규모는 약 1100개 업체에서 32만 톤, 640억 원 규모에 이른다. 문제는 이미 언급했듯이

그림 20 | 염전을 대체에너지 생산 공간으로도 활용하는 모습

생산된 천일염의 판매 원가가 국제가격과는 경쟁이 불가능하고, 산업 보호 차원에서 정부가 구매해 보관하는 양도 한계에 이르렀다는 점이다. 매년 여러 가지 방법으로 소비를 촉진하기 위한 방법을 찾고 있지만 아직까지 획기적으로 소비를 늘리지 못하고 있다. 한편 2018년부터는 식품에 사용하는 소금의 원산지 표시제를 시행하고 있다.

지금까지 우리나라의 천일염 산업은 경제성 확보를 위해 대량생산을 통한 생산단가를 낮추는 데 집중하는 모습이었

그림 21 | 신안군에 위치한
소금 박물관

그림 22 | 관광객을 위한
천일염 체험장

그림 23 | 천일염의
생산 중단으로
방치된 시설물

다. 예를 들면 갯벌을 다듬어서 만든 염전에 타일이나 장판 등을 깔아 수분 증발량을 향상시킴으로써 성분에는 차이가 없으면서 생산량은 20퍼센트 이상 증가시켰다. 하지만 아직도 국제가격 경쟁력을 갖추기에는 부족해 보인다.

천일염 생산과 더불어 수익성을 높이기 위해 대형 염전 사업장에서는 박물관과 체험장을 짓고 홍보물 등을 발간하기도 하였다. 그러나 대부분의 염전이 바닷물의 안정적인 확보와 오염으로부터의 격리를 위해 외진 지역에 위치하여 뚜렷한 성과를 내지 못하고 있다. 이에 일부 생산 공정을 축소하고 태양광 사업 등으로 전환하고 있는 실정이다.

미네랄 함량이 높은
우리나라 천일염

정제염의 성분은 염화나트륨이 거의 99퍼센트에 이른다. 암염 역시 오랜 기간에 걸쳐 미네랄이 빠져나가서 대부분 98~99퍼센트의 염화나트륨으로 구성되어 있다. 이에 비해 천일염은 바닷물의 수분만 증발시키기 때문에 다른 소금에 비해 미네랄 함량이 높은 편이다. 호주, 멕시코 등지에서 생산되는 천일염은 염화나트륨 함량이 암염과

표3 | 각국에서 생산된 천일염의 주요 미네랄 함량 비교(mg/kg)

구분	대한민국	프랑스	중국	베트남	호주
칼슘 (Ca)	1429	1493	920	761	349
칼륨 (K)	3067	1073	1042	837	182
마그네슘(Mg)	9797	3975	4490	3106	100

비슷하며 미네랄 함량이 낮다. 미네랄이 풍부한 소금은 갯벌에서 생산하는 천일염이지만, 유독 우리 천일염과 게랑드 소금에서 두드러진다.

우리나라 천일염 생산의
어려움

우리나라에서는 연간 30만 톤의 천일염을 생산한다. 하지만 높은 생산단가로 원활한 판매가 이루어지지 않아 상당량이 재고로 남기 때문에 생산업체들은 정부가 구매해주기를 희망하고 있다. 우리나라 천일염 산업이 활성화하려면 우선 경제성 있는 제품을 생산해야 하는데 기후 여건, 바닷물의 염화나트륨 농도, 인건비 등 높은 생산

경비 구조 탓에 당장 추진하기는 어려워 보인다.

우리 천일염의 가장 큰 장점은 소금 속에 포함된 풍부한 미네랄이다. 그러나 복합 영양제 등 건강보조식품으로 부족한 영양소를 쉽게 보충할 수 있는 여건에서 음식을 통해 반드시 얻어야 하는 미네랄 종류는 점차 줄고 있다.

여기에다 한반도 기후가 아열대로 접어들면서 강수량이 점차 증가하고, 겨울에서 봄으로 이어지는 미세먼지가 실제로 천일염이 생산되는 주요 시기에 발생하지 않더라도 노지 염전에서 생산되는 시스템에 대해 그릇된 인식을 갖게 할 수 있다. 최근 바다 오염원으로 부각되는 미세플라스틱도 이온 수지방식으로 생산되는 정제염을 제외하고는 결코 제거할 수 없는 입자 크기이고, 우리나라만의 문제가 아님에도 불구하고 언론에서 대안도 없이 보도하는 과정에서 천일염 생산에 대한 심각한 오해를 불러일으키고 있다. 결국 우리 환경이 변하면서 천일염 생산에도 큰 영향을 미치고 있는 것이다.

그렇지만 우리 민족이 아주 오랜 기간 유전자를 유지하는 과정에서 섭취해온 소금을, 외국에서 생산된 성분이 다른 소금으로 대체한다면 몸속에서도 아주 서서히 변화가 진행될 것임이 틀림없다. 소금은 우리 몸에서 꼭 필요한 물질이기에

지금까지 먹었고, 앞으로도 그동안 먹어왔던 것을 계속해서 먹을 수 있는 방법에 대해 깊이 생각해볼 필요가 있다. 우리 소금과 성분에서 큰 차이가 없으면서 30배 이상 비싼 가격으로 팔리는 게랑드 소금에서도 많은 것을 참조해야 할 것이다.

다른 방식의
소금 생산

● **정제염** ● 앞서 설명했듯이 기계를 사용해 바닷물을 처리한 것으로 염화나트륨의 함량을 최대로 유지한 소금이다. 우리나라에서는 1979년 15만 톤 규모로 정제염 생산 체계(한주소금)가 최초로 가동되었고, 1994년 강릉에 10만 톤 규모로 증설되어 연간 최대 30만 톤까지 생산할 수 있다. 이 정도 양이면 국내에서 소비하는 소금의 약 35퍼센트에 해당한다.

정제염은 순도가 높고 품질이 일정하여 화학공업, 식품 첨가제로 주로 사용하고 있다. 다만 생산 방식에서 다양한 기계적 공정으로 에너지 사용이 증가해 단가를 상승시키는 단점이 있다. 공업용 소금 수요가 커지면서 정제염 생산도 늘어날 것으로 예상되었으나, 현재 생산량은 20만 톤 이하를

유지하고 있다. 소금이 수입 자유화 품목으로 선정된 이후 가격이 낮은 해외 수입 소금이 들어오면서 소비가 증가하지 못하였다. 정제염을 생산하는 기업에서도 소금보다는 정제 과정에서 바닷물로부터 추출한 미네랄, 특히 마그네슘을 주요 생산품으로 바꾸고 있으며, 오히려 정제염이 부수적인 생산 품목이 되고 있다고 한다.

● **재재염** ● '백염' 혹은 '꽃소금'이라 불리는 소금으로, 천일염을 한 번 더 가공한 것이다. 염전에서 생산된 천일염을 다시 깨끗한 담수에 넣어 녹인 다음 기계적으로 용해, 탈수, 건조 등의 과정을 거쳐 다시 결정화한다. 천일염 속에 포함되었던 불순물이나 물에 녹지 않은 물질을 한 번 더 정제한 방식이어서 가정이나 식당, 가공식품 제조업체에서 천일염보다 선호도가 더 크다.

우리나라에서는 국내산 천일염과 염화나트륨 함량이 높은 수입 소금을 함께 섞어 가공하는데, 85퍼센트 안팎의 국내 천일염의 염화나트륨 함량은 90퍼센트 이상으로 올리고, 우리 천일염에 포함된 미네랄 함량은 그대로 유지함으로써 장점을 살리고 단점을 보완하였다. 현재 30여 개 업체에서 연간 10~15만 톤을 생산하고 있으며, 대부분의 가정에서 조미료

로 사용하는 소금이라 할 것이다.

대형 매장의 소금 진열대를 보면 아주 다양한 첨가제가 섞인 소금이 판매되고 있는 것을 알 수 있다. 최근에는 염분을 많이 섭취하는 것이 나쁘다는 부정적인 시각이 있어 염도가 낮은 소금 제품을 생산하기도 하고, 건강식품 소재를 첨가한 고품질의 소금 제품을 개발하고 있다.

우리나라의
소금 사용량

우리나라의 소금 시장 규모는 일 년에 약 1500억 원 규모로, 85만 톤 정도에 이른다. 대형 컨테이너에 담으면 2만 개에 이르는 엄청난 양이다. 재고량을 포함해 일 년 동안 생산되는 32만 톤의 천일염과 20만여 톤의 정제염을 포함하면 50만 톤 정도가 우리나라에서 생산된 것이고, 나머지 수요는 수입에 의존하고 있다. 실제로는 소금 가격의 차이로 우리나라 소금의 생산은 감소하고 해외 소금의 수입은 더 증가하는 상황이다.

우리나라에서 생산된 천일염은 주로 가정이나 전통 음식을 생산하는 업체에서 식품용으로, 수입 소금은 주로 산업

소재용과 가공식품용으로 사용하고 있다. 산업 소재로 사용하려면 염화나트륨 함량이 높아야 하는데 국내산 천일염은 외국산 소금에 비해 칼슘, 칼륨, 마그네슘과 같은 미네랄 함량이 높다. 정제염의 경우도 가격 경쟁에서 유리하지 못한 실정이다.

필수 음식물에서
산업 소재로

전 세계 소금 생산량은 1940년대에 300만 톤이었는데, 1950년대에는 갑자기 5천만 톤으로 증가하였다. 2010년에는 2억 톤의 소금이 생산되었다. 소금에 대한 가장 큰 편견은 생산된 소금 중에 실제로 먹기 위해 사용하는 양은 매우 적다는 것이다.

소금은 우리가 인식하지 못하는 생활의 여러 분야에서 두루 쓰이고 있다. 먼지가 날리는 운동장이나 경기장 또는 눈이 쌓인 도로에 소금을 뿌리는 것 정도는 많은 사람들이 알고 있겠지만, 소금은 이미 오래전부터 다양하게 쓰였다. 그 예로 기원전 1200년경부터 금을 정련하기 위해 소금을 이용한 것 등을 들 수 있다.

표 4 | 다양한 산업 소재로 이용되는 소금

용도		사용 방식
공업용	염료, 안료	하이드로설파이트, 유기안료
	화학 약품	소다, 염산, 염소산소다, 차아염소산나트륨
	고무 합성	유연제
	피혁	원피 염장, 피혁 가공
	유지	비누
	화약	다이너마이트
	요업	생석회, 탄화규소, 석고, 플라스터
	광업	구리합금, 압연, 용해제와 석유정제 분리
	이온교환제	연수제, 탈색
약품	염색	염색 보조
	냉동	냉장 증진 소재
	의약품	소염제
기타	쓰레기 처리	소각장
	토양 처리	토양 안정
	용해	석유 정제
	융빙제	제설용
	경수	계면제

소금을 대량으로 사용하게 된 계기는 유리 재료인 소다의 수요가 증가했기 때문이다. 원래 유리는 이산화규소(SiO_2)가 주성분으로, 유리를 성형하거나 가공을 쉽게 하기 위해서는 알칼리를 일정 용량 섞어야 한다. 이때 나트륨을 주로 사용하면서 소금에 많이 포함된 염화나트륨을 쓰게 되었다.

소다 제품 외에 표백제, 합성고무, 가죽제품 등을 생산하는 과정에서도 소금은 중요한 소재 중 하나로 쓰인다. 생리 식염수 등의 의료용품 제조에도 소금이 쓰이고 있는데, 그 용도가 무려 1만 4000여 가지나 된다.

소금은 축산업에서도 필요하다. 우리나라에서 가축 사료로 사용되는 소금의 양이 일 년에 거의 9만 톤에 이른다. 젖소를 예로 들면 우유 생산을 위해 투입하는 소금이 건조 사료의 0.5퍼센트이다. 육우에서도 소금은 무기질 공급을 위한 역할을 하므로 건강 유지에 절대적인 것이라 할 수 있다.

소금에서 나온 익숙한 물질, 간수

예전부터 소금을 구입하면 자루에 넣어 장기간 보관하였다. 염전에서 생산된 소금을 오랜 기간 창고에 보관하는 것은 건조의 목적도 있지만, 이 과정을 거치면 소금의 쓴맛은 사라지고 짠맛이 줄어들어 심지어 담백한 맛까지 느낄 수 있다.

소금을 보관하는 동안 소금에 포함된 용해도가 높은 일부 염 물질 등이 녹아 흐르는 것을 볼 수 있는데, 이 염 물질을 포괄적으로 '간수(bittern)'라고 부른다. 천일염 1톤에 0.5킬로그램 정도의 간수가 포함되어 있으며, 그중에서도 쓴맛을 내는 황산마그네슘이 높은 비중을 차지한다.

간수는 대표적으로 두부를 만드는 데 첨가한다. 단백질을 응고시키는 성질에 의해 콩물에서 덩어리가 만들어지는 것이다. 정제염을 제조하는 과정에서 간수에 포함된 물질을 별도로 추출하기도 한다. 심지어 생산된 정제염보다 다양한 염 물질로 구성된 간수가 오히려 산업 소재로서 높은 가치를 가진다.

표 5 | 간수에 포함된 염 물질과 용도

염 물질	용도
황산칼슘 (석고)	건재(건축용재)용, 시멘트
염화칼슘	건조제, 제습제, 방진제, 냉각제
염화칼륨	비료, 의학품
염화마그네슘 (고형)	빙설제, 토목 건재
황산마그네슘 (사리염)	의약품, 제지, 매염제, 비료, 두부
탄산마그네슘	방화도료, 치약, 의약품
산화마그네슘	의약품, 세라믹 원료, 내화벽돌, 시멘트
수산화마그네슘	난연제, 흡착제, 비료, 의약품, 세라믹
불소	농약, 플라스틱, 난연제
황산나트륨 (망초)	염색, 입욕제, 합성세제, 의약품

4장

소금의 마술

소금 이용하기

소금은 짠맛을 대표한다. 하지만 '짜다'는 느낌도 사람마다 또는 조건마다 다르다. 소금을 구성하는 염화나트륨과 기타 염 화합물의 함량에 따라 짠맛의 정도가 다르고 쓴맛, 심지어 신맛까지도 느낄 수 있다. 물에 녹아 있는 소금의 양이 1퍼센트 이상일 경우, 대략 물 한 컵에 찻숟가락으로 소금 한 스푼 정도 녹이면 짠맛을 느끼게 된다. 더운 음식보다는 찬 음식에서 짠맛을 더 강하게 느낀다. 뜨거울 때 맛있게 먹은 찌개가 식은 다음에 유난히 짜게 느껴지는 경험을 해본 적이 있을 것이다.

짠맛은 독특한 성질이 있다. 다른 맛과 상호작용을 하여 맛을 바꾸기도 하고 강화하기도 한다. 짠맛은 신맛을 많이

줄여준다. 매실장아찌를 만들 때 소금을 넣는 것은 강한 신맛을 줄이기 위한 것이다. 필리핀 등 열대 지방에서는 신맛이 강한 애플망고를 소금에 찍어 먹는다.

반면에 소금은 단맛을 강화시키기도 한다. 스프 등 국물이 있는 음식도 달게 느껴질 때가 있는데, 이렇게 단맛을 돋우는 소금의 농도는 0.2퍼센트이다. 단팥죽에 소금을 넣거나 수박, 토마토, 딸기 등에 약간의 소금을 뿌리는 것도 이와 같은 원리를 이용한 것이다. 쓴맛을 조정해주기도 하여 카페인 용액에 아주 소량의 소금을 넣으면 맛이 부드러워진다. 요즘 인기 있는 솔트커피가 이러한 원리인 듯하다.

요리에서 소금이 중요한 것은 감칠맛을 유도하는 마력을 지니고 있기 때문이다. 소금이 글루타민이라는 단백질과 반응하면 마치 조미료를 뿌렸을 때와 같은 감칠맛을 낸다. 새우를 구울 때 소금을 뿌리는 것, 가다랑어포(가쓰오부시)로 국물을 내는 것, 된장을 만들 때 콩으로 만든 메주에 10퍼센트 이상의 소금을 첨가하는 것 그리고 소금이 많이 포함되었지만 젓갈이 짜지 않은 것도 소금이 글루타민과 반응하여 감칠맛을 내는 덕분이다.

음식을 만들 때도 활용되는
삼투압의 원리

소금이 나트륨에 의한 삼투압 작용으로 우리 인체의 중요한 생리현상을 이끌어준다는 것을 앞서 소개하였다. 그런데 이러한 성질은 음식을 만들 때에도 이용된다. 나트륨과 염소는 다른 원소들과 결합하려는 친화력이 매우 강한 물질이어서 인체뿐 아니라 음식을 만들 때도 삼투압 현상을 일으킨다.

사람들은 이 삼투압 현상을 식재료에서 물기를 빼는 데 활용한다. 예를 들어 김치를 담글 때 우선 배추를 절여 배추 속의 수분을 빼는 과정을 '숨을 죽인다'고 하는데, 이는 삼투압 작용으로 배추 속 수분이 빠져나가는 것을 말한다. 삼투압의 성질을 이용해 물기를 없애는 탈수 작용은 음식을 상하게 하는 미생물의 세포를 파괴하거나 번식을 억제시킨다. 채소나 축산물, 수산물을 염장(鹽藏)하는 것도 이러한 보존 기능을 활성화한 것이다. 삼투압 현상을 목적으로 소금을 사용한다면 농도는 최소한 10퍼센트 이상이어야 효과가 있다.

소금은 단백질을 응고시키는 작용도 한다. 달걀 요리에 소금을 쓰면 흐물대던 달걀이 단단해지고, 생선에 쓰면 생선

의 근육을 경직시킨다. 소금은 비타민 C의 산화를 막는 작용도 하는데, 야채나 과일 주스를 만들 때 소금을 넣어 0.5퍼센트 정도의 염분 농도를 만들어주면 비타민 C가 유지된다. 시금치 등 녹색 채소를 삶을 때도 소금을 넣어 1~2퍼센트의 염분 농도를 만들어주면 오래 시간 녹색이 유지된다.

소금은 유익한 물질인가, 관리해야 할 물질인가

지금까지 소금의 기능과 역할을 정리해보았다. 소금은 우리 몸에서 필수적인 요소를 가진 물질이지만 과다하게 섭취해도 문제를 일으킬 수 있다.

소금 결핍이 가져오는 병

앞서 소개했듯이 혈액에는 0.9퍼센트 정도의 염화나트륨이 녹아 있다. 만약 혈액의 염화나트륨 농도가 유지되지 못하면 영양물질의 운반이나 노폐물의 배출이 원활하지 못하고, 면역기능도 감소한다.

염화나트륨이 결핍되면 소화액 생산과 분비량도 감소해 식욕이 줄고 무기력함, 피로, 정신 불안 등을 유발한다. 실제

로 현대인의 질병 원인의 대부분은 생리 순환과 신진대사의 장애에서 발생한다. 몸속에서 염화나트륨은 소변이나 땀을 통해 배출되기 때문이다. 항상 적정량의 염화나트륨을 유지하려면 지속적으로 소금을 섭취해야 한다.

소금 과다가 가져오는 병

• **고혈압** • 소금이 고혈압의 원인이 된다는 주장은 현대 사회에서 일반적인 상식이 되었다. 물론 몸속의 나트륨 이온 농도가 혈압과 관련 있는 것은 사실이다. 하지만 소금과 고혈압의 연관성 연구는 수십 년 동안 진행되었음에도 아직 명확히 증명되지는 않은 듯하다. 예를 들면 식생활(가공식품)과 고혈압에 대한 연구에서 소금의 과잉 섭취보다는 상대적으로 칼슘 섭취량의 부족이 혈압을 상승시킨다는 의견이 있다.

고혈압 발병은 복합적인 요소를 가지고 있어서 소금 과다 섭취가 혈압 상승의 원인을 제공하는 것은 맞지만, 직접적인 주요 원인이라고 판정하기에는 여러 다른 의견이 있다.

• **당뇨병** • 우리나라에서 너무나 잘 알려진 '국민병' 중 하나로, 혈액 속의 포도당(혈당)이 비정상적으로 높은 상태인 병이다. 췌장에서 분비되는 호르몬인 인슐린(혈당을 낮추는 역할

담당) 분비 기능에 문제가 생겨 나타나며, 1형 당뇨와 2형 당뇨(인슐린 저항성)로 구분한다.

혈액 속의 포도당은 세포 하나하나에 들어가 우리 몸의 에너지원이 되는데, 그러기 위해서는 인슐린이 꼭 필요하다. 그런데 몸속에 인슐린이 모자라면 포도당이 채 이용되지 못하고 혈액 속에 쌓여, 혈액 중 당의 농도가 비정상적으로 높아진다. 이 과정에서 어떠한 사유로 인슐린 분비가 정상적으로 이루어지지 않거나(1형 당뇨), 인슐린이 충분히 분비가 되는데도 세포가 인식하지 못해(2형 당뇨) 혈당 제어 능력을 잃어 혈중 포도당의 농도가 높아진다. 이것이 나트륨 과다 또는 무기질(칼륨) 부족에 의해 생긴다는 연구 결과가 있다. 무기물 부족에 의한 증상은 정제염만을 섭취하는 일본에서 간혹 나타나는 것이라 이와 관련한 연구들이 진행되고 있다.

● 비만 ● 비만도 오래전부터 소금 과다 섭취와의 연관성이 거론되었다. 세계보건기구(World Health Organization, WHO)에서도 소금 과다 섭취가 비만의 원인이 될 수 있다고 발표하였다. 하지만 소금과 비만에 대한 직접적인 상관관계는 아직 확실하게 정리된 것은 없는 듯하다.

염화나트륨의 과다 복용이 직접적으로 비만을 가중시킨

다고 결론지으려면 아직 많은 고려가 필요한 상황이다. 물론 소금을 많이 섭취하면 일시적으로 갈증을 유발하고, 갈증 해소를 위해 탄산음료를 마시는 과정에서 에너지가 높은 음식을 섭취하게 될 수 있으므로 비만의 요인이 될 수 있다.

건강을 위한 저염식

위와 같은 주장으로 소금에 대한 저항감이 강해지면서 저염식이 유행하고 있다. 물론 '저염'이라 할 때의 '염'은 소금이 아닌 나트륨에 대한 것으로 이해하는 편이 낫다. 소금에는 나트륨 외에도 많은 무기물이 포함되어 있으므로 저염식은 나트륨을 적정하게 섭취하거나, 칼륨 등 대체할 수 있는 무기물을 섭취하는 방식으로 진행되어야 한다.

또한 무리한 저염식으로 인해 나트륨 결핍이 가져오는 생리 균형 상실, 식욕부진, 수면장애 등 상대적인 문제점이 발생할 수도 있다. 결과적으로 저염식을 시도하는 것에는 나트륨을 과다하게 섭취하지 않는 정도로 진행하는 기준이 필요하다.

적절한 소금 섭취

하루에 섭취해야 할 소금의 양은 어느 정도가 알맞을까? 소금을 적정하게 섭취해야 한다는 경고는 이미 오래전부터 있었지만, 소금이 음식의 맛을 좌우하고 식욕을 높여주기에 사람들은 소금을 쉽게 그리고 많이 섭취하고 있다.

산업이 발달하고 생활 방식이 단순해지면서 소금 섭취량 또한 점점 증가하고 있다. 가공된 조리식품의 포장지 뒷면을 보면 사용된 첨가물의 양이 적혀 있는데, 최근에는 당류와 나트륨 함량에 관심을 보이는 사람들이 많다. 이때 포장지에 적힌 함량이 제품의 전체 무게를 기준으로 한 것인지, 아니면 일정 무게를 기준으로 한 것인지 자세히 살펴야 한다. 제품에 사용된 양을 확인해보면, 짠맛이 생각보다 강하게 느껴

지지 않은 음식에서도 나트륨 함량이 상당히 많다는 것을 확인할 수 있다.

우리 몸은 유아의 경우 약 80퍼센트, 성인은 60~70퍼센트, 노인은 50~60퍼센트가 수분으로 구성되어 있다. 하루에 인체에서 배출되는 수분의 양은 땀으로 증발하는 양까지 포함하면 2.5리터 정도이다. 여기에 몸속 나트륨 농도를 고려하면 최대 10그램 전후의 염화나트륨을 섭취해야 하는 것으로 계산할 수 있다. 사람의 생명을 유지하기 위해 필요한 최소량의 염화나트륨은 하루 1그램이라고 하는데, 세계보건기구에서 정한 하루 권장량은 5그램이다.

에스키모는 식사나 조리에 소금을 사용하지 않는 무염 문화를 가진 민족이지만, 그렇다고 소금이 없어도 되는 것은 아니다. 물개 등 육식을 기본으로 하는 식생활에서 충분히 소금을 섭취하고 있으므로 따로 소금을 섭취하지 않아도 된다는 것이다.

일본도 하루 최대 10그램 이하의 소금 섭취를 권장하지만, 실제로는 하루 평균 13그램, 심지어 홋카이도 등 북쪽 지방에서는 40그램의 소금을 섭취하기도 한다. 미국에서는 하루 6그램 정도의 섭취를 권장하는데, 실제 소비량은 그 몇

표6 │ 우리나라 사람들의 일일 소금 섭취량

연령	섭취량(g/하루)	주요 섭취 경로
10~20대	10.8	라면, 외식
30~40대	12.1	외식, 김치
50대 이상	14.5	찌개, 장류
평균	12.0	
국제 권고기준	5.0	

(참고 : 보건복지부, 2012)

배에 달한다. 프랑스는 '소금이 없는 식탁은 침이 안 나오는 입'이라는 속담이 있을 정도로 사람들이 소금을 선호하여 하루 평균 20그램의 섭취를 권장하고 있다.

우리나라의 소금 섭취 권장량은 하루 평균 12그램으로 선진국에 비하면 적지만, 장류 및 김치를 선호하는 식단으로 인해 실제 섭취량은 높다. 괄목할 만한 것은 전반적으로 젊은 세대를 중심으로 저염 식사를 선호하고 있다는 사실인데, 인스턴트식품에 대한 호감이 높은 세대여서 실제 저염 식사가 이행되는지는 의문이다. 짠맛을 피한다고 해도 우리가 짜다고 인식하지 못하는 음식에 염화나트륨이 다량으로 숨어 있을 수 있기 때문이다.

소금의 성질에 따른
다양한 쓰임새

- 염색 상태를 유지하려고 할 때 소금은 섬유 내 염료의 응집현상을 일으켜 염료가 녹는 것을 방지하는데, 세탁물을 20퍼센트 정도의 소금물에 약 20분간 담갔다가 세탁할 경우 옷감의 색상이 변하지 않고 선명하게 유지된다. 다만 우리가 사용하는 세제에 이러한 기능이 고려되어 있으므로 별도로 소금을 이용하려면 염소의 기능 때문에 탈색되는 일이 없도록 소금 농도에 절대 유의해야 한다.

- 섬유에 묻은 얼룩(천연물)을 제거할 때 혈액은 면으로 된 옷에 묻으면 잘 지워지지 않고 얼룩으로 남는 경우가 많다. 이때 20퍼센트 정도의 소금물에 옷을 담가두면 핏물이 배어 나와 얼룩을 제거할 수 있다. 감물이 묻었을 때에도 소금물에 담갔다가 식초물에 빨면 얼룩이 지워진다. 카펫에 묻은 과일 얼룩은 우선 물을 붓고 소금, 소다 등을 듬뿍 묻힌 후 말린다. 그다음에 중성세제로 닦아낸다.

- 기름기를 제거할 때 프라이팬을 닦을 때 살짝 열을 가한 후 소금을 뿌리고 키친타월로 닦아내면 깨끗해진다. 소금이 찌든 기름을 흡착하기 때문이다.

- 실내에 개미가 많을 때 개미는 일렬로 이동하는 습성이 있는데, 산성 물질을 흘려서 그 냄새로 이동한다고 한다. 따라서 알칼리 성분인 소금이나 소다를 개미가 이동하는 길목에 뿌려두면 개미를 퇴치할 수 있다.

- 목감기에 걸렸을 때 목구멍이 붓거나 따가울 때 따뜻한 소금물로 양치하면 효과가 있는데, 1~2시간 간격으로 해주면 좋다. 구강 내 염분의 농도가 일시적으로 올라가면서 세균의 세포벽을 파괴해 번식을 막아주기 때문이다.

- 악취를 없애고 싶을 때 소량의 소금을 운동화에 뿌려두면 냄새를 없앨 수 있다. 이는 악취 성분이 함유하고 있는 수분을 소금이 흡수, 제거하는 원리를 이용한 것이다.

- 변색된 은수저를 원래대로 되돌리고 싶을 때 검게 변한 은수저는 알루미늄 포일과 소금을 물에 넣고 10분 정도 끓이면 깨끗해진다. 금속은 공기 중의 기체와 반응하여 녹을 만드는데, 은이 산화해 형성된 녹(황화은)을 알루미늄 포일로 환원시켜 제거한다. 이때 소금물은 산화-환원 반응이 일어날 수 있도록 전해질(물 등에 녹아 이온화하여 음양의 이온이 생기는 물질) 역할을 한다.

- 짚으로 만든 실내용 빗자루가 한쪽으로 쏠렸을 때 소금물에 담갔다가 말리면 짚을 구성하는 셀룰로오스 성분이 나트륨 성분에 의해 다시 유연해지는데, 이 상태에서 말리면 원래 모습으로 돌아간다.

- 피부의 노폐물을 닦아낼 때 소금은 피부 지방을 녹이는 역할을 한다. 피지가 많이 생긴 경우 클렌징크림에 고운 입자의 분말 소금을 조금 섞어서 사용하면 효과적이다. 묵은 각질의 제거에도 효과가 있다.

음식에서

- 점액질이 많은 수산물을 손질할 때 오징어나 해삼 등 표면에 점액질이 있어서 미끄러운 어패류는 소금을 뿌려서 잘 문지르면 단백질 성분인 점액질이 소금에 응고되어 잘 씻기고, 요리하기도 쉽다. 도마에 묻어 있는 점액질도 소금으로 닦아내면 깨끗해진다.

- 생선 자반을 만들 때 고등어와 같은 수분이 많은 생선에 소금을 뿌려놓으면 삼투압 원리로 살 속의 수분이 빠져나와 생선살에 탄력이 생기고 비린 냄새도 감소한다.

- 사과의 변색을 막고 싶을 때 사과는 껍질을 벗겨두면 갈색으로 변한다. 사과의 폴리페놀 성분이 공기 중에서 산소에 의해 산화하기 때문이다. 이때 깎은 사과를 약 0.5퍼센트 농도의 소금물에 잠시 담가두면 되는데, 이는 소금물의 염소 이온 성분이 갈변을 억제하는 성질을 이용한 것이다. 사과주스를 만들 때에도 소금을 넣으면 색이 변하는 것을 막을 수 있다.

- 달걀을 삶을 때 달걀을 삶을 때 소금을 넣으면 삶는 과정에서 달걀이 깨져 흰자위가 흘러나오더라도 소금이 흰자위를 굳게 해서 지속적으로 나오지 않게 해준다.

- 옥수수를 삶거나 단팥죽을 끓일 때 소금은 단맛을 활성화하므로 옥수수를 삶거나 단팥죽을 끓일 때 설탕과 함께 소금을 약간 넣어주면 더욱 달고 맛있다. 다만 소량으로 적정 농도를 지켜야 한다.

- 밀가루 요리를 할 때 밀가루 반죽을 하거나 국수를 삶을 때 소금을 조금 넣으면 빵이나 면이 쫄깃해진다. 이는 나트륨이 효모의 발효 속도를 높이고 밀가루의 글루텐(gluten) 성분이 가진 점성 기능을 활성화하기 때문이다.

도움 받은 자료

고두갑. 2009. 우리나라 천일염산업의 경제적 파급효과분석. 한국지역개발학회지 21(1):1-28.

고린 고바야시. 2008. 게랑드의 소금이야기. 고두갑, 김영모 역, 시그마프레스 257pp.

김경미 · 김인철. 2013. 염전의 함수로 제조한 천일식제조소금의 물리화학적 특성. 한국식품영양과학회지 42(10):1664-1672.

김영명 · 변지영 · 남궁배 · 조진호 · 도정룡 · 인재평. 2007. 해조성분 강화 기능성 소금에 대한 연구 39(2):152-157.

김영섭 · 제정환 · 이연희 · 김진효 · 조영숙 · 김소영. 2011. 습식분해 및 직접용해법에 따른 천일염 중 무기성분 함량 비교. 한국식품저장유통학회지 18(6):993-997.

김영섭 · 김행란 · 김소영. 2013. 채취시기 및 생산방법에 따른 천일염의 성분 분석. 한국식품저장유통학회지 20(6):791-797.

김학렬 · 이인선 · 김인철. 2014. 국내산 갯벌천일염과 외국산 소금의 미네랄, 중금속 및 phthalate 함량 평가. 한국식품저장유통학회 21(4):520-528.

문홍일. 2015. 천일염 생산시설의 변화. 도서문화 46집 181-218.

박정석. 2010. 천일염의 생산과정과 유통체계 그리고 정부정책 – 전남 신안군 비금도의 사례를 중심으로. 도서문화 34집 19-49.

서지현 · 김현정 · 이삼빈. 2012. 국내 시판 천일염 성분 조사. 한국식품저장유통학회지 19(4): 554-559.

신태선 · 박춘규 · 이성훈 · 한경호. 2005. 연령에 따른 천일염의 성분함량. 한국식품과학회지 7(2):312-317.

이세은. 2018. 천일염의 품질. 식품산업과 영양 23(2):37-45.

이승원, 김현주, 문덕수, 정동호, 최학선. 2007. 해조류를 이용한 해수고습 제조기법 및 성분분석. 한국해양공학회지 21(4):61-65.

이정희 · 김학렬 · 김인철. 2014. 갯벌천임염과 구운소금의 이화학적 품질비교. 한국식품영양과학회지 43(7):1048-1054.

이헌동. 2009. 세계의 소금시장, 어떻게 움직이고 있나? 수산정책연구 24(1) 74-93.

정동효. 2013. 소금의 과학. 유한문화사 253pp.

정종희. 2010. 생명의 소금. 올리브나무 286pp.

최병옥 · 김배성. 2013. 한국 식용 천일염 시장규모 전망에 관한 연구. 한국산학기술학회논문지 14(10):4812-4818.

최진호. 2011. 우리나라의 천일염이야기. 시그마북스 280pp.

프랭크 섀싱. 2011. 바다를 통한 시간여행. 정재경, 오윤희 역 영림카디널 22-36.

하정옥 · 박건영. 1998. 소금의 종류별 미네랄 함량과 외형구조 비교연구. 한국식품영양
과학회지 27(3):413-418.

함경식 · 정종희 · 양호철. 2008. 우리 몸 살리는 천연미네랄 소금 이야기. 동아일보사
193pp.

홍광택 · 이종영 · 장봉기. 1996. 시판되는 소금의 중금속 함량과 천일염의 온도변화에 따
른 중금속 함량. 대한위생학회지 11(3):79-84.

Hoffman, J., 2007. Ocean Science – Science 101. Smithsonian. 52-53.

Kraynak, J. and K. W. Tetrault. 2003. The Oceans. Alpha Inc. 7-10.

Vancleaves, J.. 1996. Oceans for Kid. John Wiley & Sons 121-129.

그림 출처

그림 2 ㅣ 그림 United States Geological Service

　　　　https://commons.wikimedia.org/wiki/

그림 3 ㅣ https://pixabay.com/

그림 7 ㅣ 사진 Ji-Elle

　　　　https://commons.wikimedia.org/wiki/ (CC BY-SA 3.0)

그림 8 ㅣ 팔라우 에피슨박물관 소장

그림 9 ㅣ https://www.crowdpic.net/

그림 10 ㅣ 그림 11 ㅣ 그림 13 ㅣ https://pixabay.com/

그림 18 ㅣ 게랑드 염전 사진 Gwen4435

　　　　　https://fr.wikipedia.org/wiki/ (CC BY 1.0)

그림 19 ㅣ https://www.crowdpic.net/

표지 ㅣ (앞) shutterstock.com (뒤) unsplash.com